HISTOIRE

MÉTAPHYSIQUE

DE

L'ORGANISATION

ANIMALE.

SOLUTION PROVISOIRE
D'UN
PROBLÈME,
OU
HISTOIRE MÉTAPHYSIQUE
DE
L'ORGANISATION ANIMALE;
POUR SERVIR D'INTRODUCTION A UN
ESSAI
Sur la possibilité d'une Méthode générale de démontrer & de découvrir la vérité dans toutes les Sciences.

Par le C. DE WINDISCH-GRÆTZ.

PRÉCÉDÉE D'UN
AVERTISSEMENT
relatif à un autre
PROBLÈME
qu'il a proposé en 1784.

A BRUXELLES, chez J. VANDEN BERGHEN, Imprimeur-Libraire.
Avril. 1789.

AVERTISSEMENT.

J'Ai publié le 24 Décembre 1784, un Programme en Allemand, dans lequel j'ai propoſé aux Savants de toutes les Nations le Problême ſuivant.

,, Trouver pour toutes les eſpèces poſ-
,, ſibles d'Ecrits, par leſquels on peut tranſ-
,, férer, à telles conditions qui peuvent
,, paſſer par l'eſprit humain, ſa propriété
,, (que je prends dans le ſens le plus étendu
,, de ce terme) des Formulaires conſtruits
,, de manière qu'il ſuffiſe, pour exprimer
,, chaque cas particulier poſſible, de rem-
,, plir les eſpaces vuides du Formulaire,
,, de nombres & de noms-propres de per-
,, ſonnes ou de choſes; des Formulaires
,, dont les expreſſions tant variables qu'in-
,, variables, c'eſt-à-dire tout l'énoncé,
,, ſoient auſſi peu ſuſceptibles de doutes
,, & d'interprétations que la Géométrie. ,,

J'ai publié ce même Programme enſuite en françois avec des éclairciſſements. Il ſe trouve à Bruxelles chez VANDEN

BERGHEN, à Paris chez MÉRIGOT le jeune &c. &c.

Pour ſe faire une idée de l'état de la queſtion, il eſt néceſſaire de lire tout le Programme. On trouvera le Programme françois mal-écrit, plus mal encore que je ne ſuis dans l'habitude d'écrire; car, dès que je ſuis obligé de récrire en une langue ce que j'ai déjà écrit dans une autre langue, cela m'ennuie, & je ne fais plus rien qui vaille.

On trouvera la Solution de ce Problème extraordinairement difficile : on la jugera peut-être même impoſſible : mais je doute que des perſonnes de bonne-foi puiſſent trouver l'idée de l'avoir propoſé, ridicule. Des perſonnes de bonne-foi ſe perſuaderont difficilement qu'on ait cherché à empêcher autant que l'on a pu, que le Programme ne parvînt à la connoiſſance du Public; qu'on n'en ait rendu compte dans preſque aucun journal, & que pluſieurs Académies aient refuſé d'accepter le jugement, que je leur ai propoſé, des Ecrits qui devoient concourir pour le prix. Cependant rien n'eſt plus vrai; &, ſans Mr.

le Marquis de CONDORCET, je ne fais fi une feule Académie eût accepté ce jugement. Mais Mr. le Marquis de CONDORCET ayant déterminé l'Académie des Sciences de Paris à l'accepter, la Société-royale d'Edimbourg & l'Académie de Bafle ont fuivi cet exemple.

Le terme, dans lequel les Ecrits devoient être préfentés, eft expiré le 1er. Juillet 1787.

Trois Ecrits ont concouru pour le prix. La Société-royale d'Edimbourg a donné fon jugement il y a plus de quinze mois; & elle a jugé qu'aucun des Ecrits, qui ont concouru, n'étoit ni une Solution ni une approximation; mais qu'il y en avoit un (de ces Ecrits) qui méritoit des égards.

L'Académie de Bafle a donné fon jugement à peu près dans le même temps, & a déclaré qu'il n'y avoit pas de Solution. Mais fon jugement ayant été équivoque relativement à l'Ecrit que la Société-royale d'Edimbourg avoit déclaré mériter des égards; c'eft-à-dire, les fuffrages des Commiffaires nommés par l'Académie de Bafle pour juger les écrits, s'étant partagés de manière, que le nombre de ceux qui ont regardé cet Ecrit comme une approximation, étoit égal au nombre de ceux qui ont déclaré que cet Ecrit n'en étoit pas une; j'ai prié cette Société-ſavante de juger de nouveau, & de donner ſon jugement en conformité des règles que j'ai établies dans le Programme. L'Académie des Sciences de Paris n'a pas donné du tout encore ſon Jugement, quoique je l'aie ſouvent ſollicité. Or, comme il y a près de deux ans que les Ecrits ſont entre les mains des Académies, & que les Auteurs de ces Ecrits peuvent trouver extraordinaire de ne point voir paroître de Jugement, j'ai cru devoir rendre compte au Public & à ces Auteurs de l'état des choſes.

J'avois formé le projet de propoſer (après que j'aurois reçu & publié le jugement des trois Sociétés-ſavantes) le Problème de nouveau avec quelques modifications; par exemple: comme on ſe plaiſoit à dire que la Solution du Problème étoit impoſſible, je voulois donner un prix à celui qui démontreroit cette impoſſibilité; mais la Société-royale d'Edimbourg & l'Académie de Basle s'étant refusées à accepter ce nouveau jugement ; & mon Problème ayant été en général trop mal accueilli pour me permettre d'espérer que des personnes, capables d'y travailler, s'en occuperont sérieusement, je me suis décidé à ne plus le proposer du tout. Je ferai mieux : je tâcherai de le résoudre moi-même; &, quoique je ne réponde pas du succès, je me flatte que, si je ne le résouds pas, j'en faciliterai du moins la Solution à ceux qui pourroient être tentés d'y travailler après moi.

Le jugement de la Société-royale d'Edimbourg me suffit pour déclarer ici que les Ecrits, qui ont concouru pour le prix, ne contiennent pas de Solution de mon Problème. Voyez le § XXXVII. du Programme.

L'Académie des Sciences de Paris n'ayant pas encore donné son Jugement, & l'Académie de Basle ayant aussi à donner encore le sien, relativement à l'un des trois Ecrits qui ont concouru pour le Prix, il seroit possible que cet Ecrit fût jugé une approximation; &, s'il eſt déclaré en être une par le ſuffrage de ces deux Académies, je lui dois (quel que ſoit mon Jugement à ſon égard) le Prix d'approximation. Voyez § XXXIX. & XL. du Programme.

Mais, qu'il y ait une approximation ou non, je deſirerois toujours que ces deux Sociétés-ſavantes vouluſſent donner bientôt leur jugement: car il eſt dans l'ordre, (voyez le § XXVIII. du Programme) puiſque la Société-royale d'Edimbourg a jugé qu'un des Ecrits, qui ont concouru pour le prix, méritoit des égards, que je faſſe imprimer cet Ecrit. Et comme tout doit avoir un terme, les Académies des Sciences de Paris & de Baſle me permettront de déclarer ici que, ſi elles ne m'envoient pas leurs jugements avant le 1er. Septembre 1789, je procéderai comme ſi elles euſſent jugé négativement, & je retirerai des mains des Banquiers Smitmer les prix que j'ai dépoſés chez eux.

Bruxelles le 10 Avril 1789. Signé le Comte de WINDISCH-GRÆTZ.

SOLUTION PROVISOIRE

D'UN

PROBLÈME,

OU

HISTOIRE MÉTAPHYSIQUE

DE

L'ORGANISATION ANIMALE.

PREMIÈRE PARTIE.

CORRECTIONS.

Page 80 *Ligne* 10 *de la Note.*

Après les plus corrupteurs, *mettez un point, effacez le reste de la Ligne & les trois suivantes, & lisez :* La force ne donne pas de droit; mais le droit peut rendre la force légitime; tandis que nul droit ne sauroit justifier ces infames moyens. *Voyez les Notes* (d) *Page* 49, & (e) *Page* 55 *de mon* DISCOURS. Edition de 1788.

Il faut gouverner les hommes par la Raison & par la &c.

Page 92 *Ligne* 2me.

Après le mot bonheur, *lisez :* (autant qu'il est dépendant de nous-mêmes) & la force du caractère &c.

SOLUTION PROVISOIRE

D'UN

PROBLÈME

Que je me suis engagé à résoudre.

JE me suis engagé dans un Ouvrage Allemand que j'ai publié en 1787, dont le titre est *Betrachtungen über verschidene Gegenstände worüber man heüt sehr viel schreibt*, à résoudre le Problême suivant

„ Quelle est la cause de nos plaisirs „ & de nos peines internes? d'où vient, „ en supposant que toutes nos idées „ nous viennent immédiatement par les „ sens, que les plaisirs & les peines de „ l'ame ont plus de pouvoir sur nous

„ que les plaiſirs & les peines des ſens?
„ d'où vient qu'il faut chercher le bonheur de chaque homme, non dans ſes
„ ſens, mais dans ſon ame ?

En m'engageant à réſoudre ce Problème j'ai promis en même temps une Médaille de 50 Ducats à celui qui le réſoudroit, avant la fin de l'année 1787, d'une manière qui me paroîtroit évidente.

Pour mettre le Lecteur plus au fait de l'état de la queſtion, je répéterai ici à peu-près les raiſonnements que j'ai faits à l'occaſion de ce Problème dans le Chapitre IX. de l'Ouvrage Allemand.

RÉPÉTITION.

Toutes nos idées nous viennent immédiatement par les ſens. C'eſt une propoſition que Locke & d'autres ont ſuffiſamment démontrée : ainſi je n'en dirai que deux mots à préſent.

S'il y avoit des idées innées, ou pour mieux dire, gravées dans notre ame, il faudroit qu'elles ſe trouvaſſent dans notre Mémoire d'elles-mêmes, ſans y avoir été précédées par d'autres idées, ou du moins ſans en être dépendantes. Il faudroit donc qu'elles fuſſent poſitives; car toute idée négative ſuppoſe une idée antérieure poſitive dont elle eſt dérivée : or toutes les idées, que l'on croit innées, ſont des idées négatives : donc il n'y a pas d'idées innées, *du moins dans le ſens dans lequel quelques défenſeurs des idées innées ont conſidéré la choſe.* On verra par la ſuite de cet Ecrit qu'il peut cependant y avoir des traces dans notre mémoire avant notre naiſſance & par conſéquent des idées, ſi l'on veut nommer idées des impreſſions non - apperçues dans le temps qu'elles ſe ſont faites.

La manière la plus ſatisfaiſante de prouver qu'il n'y a pas d'idées tant qu'il n'y a pas d'organes, c'eſt de montrer comment toutes nos idées peuvent naître en nous ſans avoir recours à des idées gravées dans notre ame; & c'eſt ce que je me propoſe de faire.

Si toutes nos idées nous viennent immédiatement par les ſens, nos ſenſations phyſiques ſont donc le principe de tous les plaiſirs & de toutes les peines dont nous ſommes ſuſceptibles; & par conſéquent de toutes nos paſſions, de tous les ſentiments de notre ame, & même en un ſens des opérations actives de notre eſprit.

Mais comment eſt-il poſſible que des ſentiments de l'ame, qui ne paroiſſent pas avoir le moindre rapport avec nos ſenſations phyſiques, dérivent de ce principe?

Comment un effet peut-il être d'une nature toute différente de la cauſe qui le produit? comment, dira-t'on, des ſenſations phyſiques peuvent elles tellement ſe purifier, ſe métamorphoſer, qu'elles perdent tout ce qu'elles ont de matériel? Et comment cette métamorphoſe leur donne-t'elle un dégré de pouvoir, même ſur notre phyſique, qu'elles n'ont pas dans le temps qu'elles ſont phyſiques elles-mêmes; un dégré de pouvoir tel, qu'elles ne deviennent qu'alors les reſſorts les plus puiſſants de notre ame?

Helvétius, à qui d'ailleurs la Métaphyſique à beaucoup d'obligation, l'explique, je l'avoue, d'une manière fort peu ſatisfaiſante,

& même, ſi je l'oſe dire, révoltante : car il réduit non ſeulement tous les ſentiments internes à ce ſeul genre de plaiſirs & de peines qu'il nomme factices, ce qui eſt, comme je le prouverai, une première erreur; mais il tombe dans une ſeconde erreur plus frappante, en réduiſant tous les ſentiments factices à ce ſeul genre de plaiſirs & de peines qu'il ſuppoſe que nous donnent l'attente & la réminiſcence de la douleur & de la volupté. Il croit ſérieuſement qu'on ne veut être grand, riche, puiſſant, que pour ſe livrer enſuite plus à ſon aiſe aux voluptés charnelles; ou pour ſe ſouſtraire plus ſurement, par cet immenſe échaffaudage, à la douleur, aux peines phyſiques. En vérité, s'il en étoit ainſi, l'échaffaudage, ou ſi on l'aime mieux, les moyens ſeroient tout; & l'édifice, c'eſt-à-dire le but, ne ſeroit rien ou peu de choſe.

Il ſemble que cet Auteur célèbre renferme même la ſenſibilité phyſique dans des bornes trop étroites : car il ne paroît pas avoir fait attention que cet Agent, par lequel nous voyons que les particules de la matière s'attirent & se repoussent, agit aussi sur nos organes, & est la cause cachée mais immédiate, ou une des causes de différents sentiments de notre ame; tels par exemple que la pitié & la compassion; de même que cet Agent est certainement la cause première de toutes nos actions *spontanées primitives.* Mais comme ces mouvements de sympathie nous sont communs avec les Bêtes, ce n'est pas non plus cet Agent qu'il faut regarder comme la cause principale des plaisirs & des peines internes : les plaisirs & les peines proprement dits intellectuels ne peuvent pas lui être attribués du tout.

Toute idée suppose un mouvement dans notre Cerveau. Cette vérité pourroit faire conjecturer que les mouvements qui produisent nos idées, produisent par eux mêmes des sensations agréables ou desagréables; d'ou il résulteroit que nos plaisirs & nos peines intellectuelles auroient une cause immédiatement physique : mais cette conjecture ne seroit pas fondée non plus : car il est de fait que les mêmes mouvements produisent tantôt des plaisirs, tantôt des peines dans notre esprit. Quand je cherche la vérité, le mouvement est certainement le même, soit que je la trouve, soit que je ne la trouve pas : cependant le sentiment est bien différent.

Quelque variés que l'on suppose les mouvements de notre cerveau, ils ne le sont pas assez pour expliquer la variété des sensations, ou plutot des combinaisons de sensations dont notre ame est affectée ; & surtout pour rendre raison pourquoi les mêmes choses, qui feroient le malheur d'un homme, font le bonheur d'un autre homme, & sont tantôt agréables, tantôt désagréables au même homme.

L'on peut expliquer l'origine des plaisirs & des peines intellectuelles d'une manière bien plus simple & à laquelle, ce me semble, il n'y aura rien à opposer.

J'Ai fait annoncer dans quelques Gazettes d'Allemagne pourquoi ma solution n'a point paru dans le temps marqué.

Trois Ecrits, dont deux sont Allemands

& un eſt François, ont concouru pour le Prix dans le terme preſcrit; & ont été envoyés, comme je l'avois demandé, aux Freres Smitmer Banquiers à Vienne : mais ils ſont tous trois fort éloignés d'être des Solutions. C'eſt là mon jugement : & comme, en propoſant le prix, j'ai déclaré que je me réſervois le jugement des Ecrits; & qu'en conſéquence de cette Déclaration il étoit libre à ceux, à qui une telle manière de procéder auroit pu ne pas convenir, de ne pas concourir; ce jugement, pourroit ſuffire : cependant, pour que les Auteurs des Ecrits qui ont concouru n'aient aucune apparence de ſujet de ſe plaindre de moi, je déclare que, ſi après avoir lu 1° cet Ecrit-ci, 2°. l'Ouvrage allemand dans lequel j'ai propoſé le prix, 3°. mes Objections aux ſociétés ſecrètes, 4°. mes Réflexions pratiques; l'un ou l'autre Auteur des Ecrits qui ont concouru ſe flatte encore d'avoir réſolu le Problème tel que je l'ai propoſé; il eſt le maitre de préſenter ſon Ouvrage (dont les Freres Smitmer ont un Exemplaire en mains, & dont j'ai dépoſé un autre Exemplaire entre les mains d'un Académicien) à une Académie quelconque à ſon choix, pourvu que ce ſoit une Académie connue en Europe; & ſi cette Académie, après avoir lu ſon ouvrage & ceux de mes Ecrits que je viens de citer, prononce que cet Auteur a réſolu le Problème tel que je l'ai propoſé, je me ferai un plaiſir de lui faire remettre la médaille, ou bien, s'il l'aime mieux, les 50 Ducats que j'ai promis à celui qui réſoudroit la queſtion dans le terme preſcrit.

Outre ces trois Ecrits, qui ont été envoyés dans le temps marqué, on m'en a encore remis deux autres après que le terme preſcrit étoit expiré depuis long temps : cependant j'accorde auſſi avec plaiſir à ces deux Ecrits, ſi leurs Auteurs veulent en profiter, la même liberté qu'aux trois autres. L'un de ces deux Ecrits m'a été préſenté par celui qui l'a fait, quelque temps après que j'avois publié mes Objections aux Sociétés Secrètes. L'autre m'a été donné par un tiers & a été ſigné *Alétophile*.

Il y a une grande différence entre répondre à une queſtion & réſoudre une queſtion. Quand on me demande quel eſt le rapport qui ſe trouve entre le carré de l'hypothénuſe & les deux autres carrés, & que je réponds, le premier eſt égal aux deux autres pris enſemble; je réponds à la queſtion, mais je ne la réſouds pas. Pour pouvoir me vanter de l'avoir réſoluë, je dois démontrer la vérité de mon aſſertion.

Loin d'avoir réſolu ma queſtion, les Ecrits qui m'ont été envoyés n'y ont pas même répondu. Ce n'eſt pas répondre de ne dire qu'une petite partie de ce qu'il faut dire pour qu'une réponſe ſoit juſte, & de dire encore le peu que l'on dit d'une manière peu exacte.

Ce n'eſt pas répondre à ma queſtion, quand on ne donne pour raiſon de la ſupériorité des ſentiments internes ſur les plaiſirs & les peines phyſiques que 1°. leur durée, 2°. l'habitude d'y penſer. Il y a là du vrai, ſans doute : mais ces raiſons ne ſont ni neuves, ni ſuffiſantes, ni même exactes.

Il n'y a perſonne qui ne ſache que de deux ſentiments, dont l'intenſité eſt la même, celui qui dure le plus eſt ſupérieur à l'autre; & qui ne ſache en même temps que les plaiſirs de l'eſprit peuvent durer bien plus que ceux du corps. Il n'y a perſonne qui ne ſache auſſi que l'habitude a un grand pouvoir ſur les hommes. *Habitus ſecunda natura.*

Ces raiſons ne ſont donc pas nouvelles. Cela n'y feroit rien : une réponſe eſt bonne, pourvu qu'elle ſoit vraie, quand même elle ne ſeroit pas neuve. Les Eléments dont je ferai uſage pour donner ma Solution ne ſont peut-être pas nouveaux non plus : mais ces deux raiſons ne ſont pas ſuffiſantes pour expliquer ce que je demande.

La durée d'un plaiſir ſuffit pour rendre ce plaiſir ſupérieur à un autre plaiſir du même genre, ſi ce dernier dure moins : mais la durée d'une choſe ne la transforme pas en plaiſir. La durée d'une idée ne la rend pas agréable, ſi elle n'eſt pas agréable par elle-même.

Cette raiſon n'eſt donc pas ſuffiſante : elle n'eſt pas même exactement vraie : car la durée ne rend un plaiſir ſupérieur à un autre plaisir du même genre que lorsqu'elle ne nuit pas à l'intensité de ce plaisir : or le plus souvent la durée, la fréquente répétition du même plaisir en émousse le sentiment. Cette raison manque d'exactitude encore sous un autre point de vue. Il est de fait sans doute qu'un homme, qui trouve du plaisir à lire ou bien à écrire, peut se donner cette jouissance vingt-quatre heures de suite sans interruption, surtout s'il n'y met pas beaucoup du sien : tandis que ce même homme ne se procurera pas souvent en vingt-quatre heures la jouissance du plaisir physique qui, entre tous les plaisirs des sens, mérite à juste titre le premier rang : mais on peut s'occuper vingt-quatre heures de suite de sa maîtresse, des desirs qu'elle nous inspire, comme on s'occupe de la composition ou de la traduction d'un Ouvrage. Or, quoique le plaisir de s'occuper des desirs qu'inspire la personne que l'on aime ne soit pas à la rigueur un plaisir des sens, c'est toujours un plaisir bien plus dépendant des sens extérieurs que le plaisir d'étudier. La durée n'est donc pas un caractère distinctif des plaiſirs intellectuels, de ces plaiſirs qui n'ont pas de rapport du tout avec les plaiſirs des ſens.

Il en eſt de l'habitude comme de la durée. Elle joue ſans doute un rolle dans la ſolution du problème : mais ni elle, ni la durée ne jouent le rolle principal. On verra par ma Solution qu'il y a en effet un très-grand nombre de ſentiments d'habitude : mais tous les ſentiments intellectuels ne ſont pas d'habitude : il y en a de primitifs. Outre les ſentiments intellectuels primitifs il y en a de réfléchis qui ne ſont pas d'habitude; & d'un autre côté tous les plaiſirs des ſens ne ſont pas primitifs; il y en a d'habitude. On ne peut donc pas expliquer la nature & le pouvoir des ſentiments intellectuels par le pouvoir qu'a ſur nous l'habitude. Ce ſeroit en général parler d'une manière peu exacte de dire que l'habitude d'une choſe nous la rend agréable : car, quoique ce ſoit une peine réelle de contrarier nos habitudes, ce n'eſt pas un plaiſir réel de leur céder. L'habitude d'un plaiſir, loin de l'augmenter, en affoiblit le ſentiment.

L'habitude de desirer une chose augmente le desir de se la procurer; mais l'habitude de jouir diminue la jouissance.

Si l'on avoit dit à *Helvétius* que l'habitude est la cause des plaisirs & des peines qui n'ont, ou ne paroissent pas avoir de rapport avec nos sens, il auroit répondu : „ je connois aussi-bien que tout autre le „ pouvoir de l'habitude. J'ai dit en plus „ d'un endroit de mes ouvrages qu'on „ peut finir par desirer une chose pour „ elle-même, quoiqu'elle ne soit point „ agréable par elle-même, quand on l'a „ desirée long-temps comme moyen de „ bonheur. Mais qu'est-ce qui nous porte „ à prendre l'habitude de desirer une chose „ qui n'est point agréable par elle-même ? „ c'est là le nœud de la difficulté. Or „ (poursuivroit *Helvétius*) si toutes nos „ idées nous viennent par les sens, il ne „ peut y avoir ni plaisirs ni peines pri- „ mitives qui ne soient des sensations : „ on ne peut donc desirer les choses, qui „ ne sont pas des jouissances physiques, „ que comme moyens de nous procurer „ ces jouissances. „ On verra par ma Solution en quoi cette manière de conclure eſt fautive ; mais ce raiſonnement prouve toujours qu'il ne ſuffit pas, à beaucoup près, d'avoir recours au pouvoir de l'habitude, pour répondre à la queſtion que j'ai propoſée. (*a*)

(*a*) Je me rappelle à cette occaſion d'avoir entendu ſoutenir que *les préceptes de la Morale, la Raiſon qui les appuie, les devoirs que la Religion preſcrit, les conſidérations d'un monde avenir rempliſſoient des Livres & des Têtes fort inutilement ; qu'il n'y avoit de ſolide dans ce monde que l'habitude ; & que, ſans chercher à guider les hommes par des motifs bien relevés, le plus ſûr ſeroit par conſéquent de prolonger l'éducation le plus qu'il eſt poſſible ; & de les habituer au bien en les retenant long-temps ſous la férule.* Je pourrois dire aux perſonnes qui ſont de cet avis, qu'il me paroît du moins injuſte (pour ne pas dire autre choſe) de tourmenter les hommes pendant la plus belle moitié de leur vie, pour qu'ils ſoient ſages pendant la ſeconde, c'eſt-à-dire la plus miſérable moitié ; moitié que beaucoup d'entre eux ne peuvent pas même ſe promettre d'atteindre. Je pourrois leur dire encore que ceux qui croient néceſſaire de tenir les hommes ſi long-temps ſous la férule, ne doivent pas être, ce me ſemble, difficiles à perſuader qu'il faut mener les hommes en général avec le bâton ; mais je me bornerai à leur repréſenter que, ſi l'habitude, une fois priſe, une fois invétérée, peut en effet tenir lieu de motifs ; s'il ne

Quoique je n'ai point donné ma Solution dans le temps que je l'avois promise, j'en ai donné les éléments dans les Ouvrages que j'ai publiés depuis que j'ai proposé le problème : ainsi je pourrois dire que, sans avoir déclaré que je répondois à la question que j'ai proposée, j'y ai déjà répondu dans le fait : cependant je ne nommerai même que provisoire, la Solution que je vais en donner à présent; parce que je compte publier un Ouvrage *sur la possibilité d'une méthode générale de démontrer & de découvrir la vérité* (c'est à

---

faut du moins plus de motifs puissants pour retenir dans le sentier de la vertu celui qui a pris une fois l'habitude d'y marcher; il faut cependant des motifs pour nous attirer à la vertu, pour prendre cette habitude de la vertu. Le raisonnement de ces personnes ne me paroit guères plus conséquent que celui d'une Dame qui disoit un jour : „ Je conçois l'utilité de la Lune; „ sans elle nous ne verrions pas clair la nuit : mais „ le Soleil, à quoi nous est-il bon en plein jour? „

L'habitude, quoique cause à son tour, est un effet des motifs qui nous guident. Otez la cause, & l'effet cessera.

à dire les vérités qui ſont à notre portée) *dans toutes les ſciences*, qui donnera peut-être à ma Solution une évidence que beaucoup de perſonnes pourroient ne pas lui trouver à préſent.

Je diviſe cet Ecrit en deux Parties. La première contient la Solution que j'annonce. Dans la ſeconde, qui ſervira d'éclairciſſement à la première, je parlerai 1°. du Mouvement de la Matière, 2°. de la Génération de l'Entendement, 3°. de la Liberté de notre Volonté, & 4°. de l'Ame.

Je ne ſais ſi je dirai des choſes bien neuves : mais je ſais bien que je ne ferai que des obſervations que tout le monde, pour ainſi dire, auroit pu faire, & qu'on a ſurement faites ſouvent ; mais qu'on a négligé peut-être de combiner toutes entre elles avec aſſez d'attention, pour en tirer les réſultats que j'en déduirai. (*b*)

(*b*) J'ai entendu décider qu',,un Ecrivain, qui ne ,, connoit pas tout ce qui a été publié relativement ,, à l'objet qu'il traite, & qui ne rend pas compte au

PREMIÈRE PARTIE.

§ I.

EN ſuppoſant comme je fais que toutes nos idées nous viennent immédiatement par les ſens, il eſt clair que nos

„ Public du point où l'on étoit avant lui, & duquel „ il part, eſt ou un *ignorant* ou un *plagiaire.* "

Je ſuis payé pour trouver cette *ſentence* un peu dure : car, comme j'ai peu lu en ma vie, je ſuis fort ignorant des choſes que l'on a dites. Ainſi, ſi j'avance, ſans citer, des choſes qui probablement ont été dites avant moi, je ſupplie le Lecteur & ſur-tout ces *Juges ſévères* de croire que c'eſt par ignorance & non par mauvaiſe volonté. C'eſt pour qu'on ne m'accuſe pas de plagiat, & parceque je deſire dans toutes les occaſions de la vie d'être vu tel que je ſuis, que j'ai fait l'aveu de mon ignorance plus d'une fois dans le petit nombre d'Ecrits que j'ai publié juſqu'à préſent. Après cette confeſſion, on me permettra d'obſerver que la ſentence dont je parle ne me paroît pas cependant ſans appel. Dans les ſciences, qui appuient ſur des principes fixes ou ſur des faits reconnus, on peut indiquer le point d'où l'on part : mais comment l'indiquera-t'on dans les ſciences dont les principes eux-

ſenſations ſont les ſeuls éléments dont nos ſentiments internes ſont compoſés. Mais

---

mêmes ſont flottants ; dans ces ſciences où tout a été dit, mais ou rien, pour ainſi dire, n'a été prouvé? Comment peut-on prétendre que des Ecrivains, qui deſirent d'être utiles, liſent tout ce qui a été écrit ſur la matière qu'ils ſe propoſent de traiter? S'ils ſuivoient cet avis, ils n'auroient pas le temps de penſer, ils paſſeroient leur vie à lire, & par conſéquent ne ſeroient ſurement pas utiles : car on ne peut l'être que par de nouvelles combinaiſons ; & il eſt apparent qu'un homme, qui paſſe ſa vie à méditer ſans lire, & dont par conſéquent preſque toutes les combinaiſons ſont nouvelles, en trouvera plutôt d'utiles, qu'un homme qui a beaucoup lu, & auquel il peut arriver fort aiſément de prendre pour ſiennes des idées qu'il ne doit qu'à ſa mémoire.

Si cette ſentence étoit ſans appel, il ne ſuffiroit pas d'avoir lu les ouvrages célèbres qui ſont entre les mains de tout le monde ; (on peut être accuſé d'ignorance, mais non de plagiat, pour avoir négligé de citer Monteſquieu, Dalembert, J. J. Rouſſeau, &c. &c.) c'eſt ſur-tout les ouvrages ignorés dans le temps dans lequel nous écrivons (ſoit parce qu'ils ſont fort anciens, ſoit parce qu'ils ſont tout-récents, ou publiés dans des pays & en des langues étrangères) qu'il faudroit citer pour ne pas être accuſé de mauvaiſe foi : car c'eſt dans cette ſource que vont puiſer ceux qui veulent ſe faire valoir à peu de fraix. Or quel eſt l'hom-

ne nous méprenons pas : toutes nos ſenſations en général ſont ces éléments, & non les ſenſations en particulier que l'on nomme plaiſirs ou peines des ſens. C'eſt ſur quoi *Helvétius* & bien d'autres ſe ſont mépris. Les mots *plaiſirs* & *peines* les ont induits en erreur ſous plus d'un rapport.

On ſeroit plus porté à ſe perſuader que nos ſentiments internes ſont des réſultats de nos ſenſations, ſi l'on réfléchiſſoit 1°. qu'il y a des plaiſirs & des peines phyſiques poſitives, & des plaiſirs & des peines

---

me qui peut avoir lu tout ce qui a été dit dans un ſeul genre ? Quand on a lu des ouvrages ignorés & qu'on ne les cite pas, on peut être juſtement accuſé de plagiat. Mais ſi le Plagiaire eſt toujours un homme de mauvaiſe foi, le lecteur qui, au lieu d'examiner ſi les propoſitions, qui ſont contenues dans un nouvel ouvrage, ſont vraies, (ce qui eſt la ſeule queſtion intéreſſante pour le public) fouille dans les Bibliothèques pour perſuader à ce Public qu'elles ne ſont pas nouvelles ; eſt un homme guidé par l'envie, ou par un eſprit de parti dont la ſource n'eſt pas plus pure.

physiques négatives : la cessation d'une douleur est un plaisir négatif, & la privation d'un plaisir est une peine négative très-réelle : 2°. que tous les plaisirs & toutes les peines physiques sont relatives à la position dans laquelle se trouve l'animal qui en est affecté ; c'est-à-dire relatives à la disposition actuelle des organes de cet animal & aux sensations dont ces nouvelles sensations sont précédées, accompagnées, ou suivies : (c) 3°. que la

---

(c) Tout dépend, si l'on peut s'exprimer ainsi, de l'Echelle sur laquelle nos Organes se trouvent placés ; ou si vous l'aimez mieux, du Ton auquel ils sont montés. On a comparé cent fois nos organes à un Orgue : & à bien des égards cette comparaison est fort exacte. Ce qui est *Re*, *Mi*, *Fa* sur tel Clavecin, ne l'est pas sur tel autre : ce qui est chaud ou froid pour moi, est souvent le contraire pour un autre, & pour moi-même dans un autre moment. Il n'y a que les sons, plus forts que ceux par lesquels on a commencé la mélodie, qui réveillent l'attention : tant que je n'appuie sur mon Clavecin ni plus foiblement ni plus fortement que je n'ai commencé, il n'y a ni *piano* ni *forte* : de même il n'y a que les sensations, plus vives que celles qui les accompagnent ou les précèdent, que l'on nomme plaisirs ou peines. Les

réunion de plusieurs sensations produit une nouvelle sensation unique, aussi dif-

---

sensations en un mot qui se trouvent au-dessus du ton, ou de l'échelle sur laquelle nos organes se trouvent placés, soit par leur conformation, soit par l'habitude, soit par les circonstances actuelles, sont celles que l'on nomme plaisirs ou peines : les impressions qui sont au-dessous de cette Echelle, de ce Ton, ne sont pas du tout apperçues ; & par conséquent ne sont pas des sensations : car j'appelle sensation, la *perception* de l'impression.

S'il existoit un Etre qui éprouvât constamment les sensations qui sont pour nous les plaisirs les plus vifs, il ne nommeroit pas ces sensations des plaisirs. Il en est de même des peines. Tout est rélatif à l'état dans lequel nous nous trouvons. S'il existoit un animal dont le mouvement du sang & la succession des idées fussent si rapides, que son pouls frapperoit en une minute autant de fois que le nôtre frappe en un an, & que le nombre de ses idées y fût proportionnel, une heure de durée auroit pour lui la valeur qu'a pour nous une vie de 60 ans.

Les plaisirs & les peines ne produisent leur effet que par la comparaison : une sensation, qui n'est ni accompagnée, ni précédée, ni suivie, est nulle.

Quand je dis que tout dépend de l'échelle sur laquelle nos organes se trouvent placés, il ne faut pas perdre de vue que cette échelle est produite non seulement par les sensations que nous éprouvons

férente de chacune de celles qui ont concouru à la produire, que le mouvement

---

actuellement & le ſouvenir de celles que nous avons éprouvées, mais auſſi par la conformation même de nos organes. Il y a donc des ſenſations (celles qui tendent à la deſtruction, au bouleverſement de notre Etre) auxquelles il eſt impoſſible de nous habituer.

C'eſt une obſervation importante à faire pour que des perſonnes, qui cherchent à abuſer de tout, n'abuſent pas de ce que je viens de dire.

La coëxiſtence fait tout dans ce monde. La Gravitation même ſuppoſe la coëxiſtence de pluſieurs Etres. Il faut qu'il y ait concours au moins de deux choſes pour qu'il en réſulte une troiſième. C'eſt une vérité que j'aurai occaſion de mieux développer. J'en néglige le développement dans ce moment-ci, où il ſeroit moins à ſa place, pour faire encore une obſervation, qui me paroît plus à ſa place, ſur le rapport qui ſe trouve entre nos organes & un inſtrument de muſique. L'effet prodigieux que la muſique proprement dite, & la muſique du langage, c'eſt-à-dire le ſon de la voix humaine, l'harmonie du ſtyle fait ſur nous; que font ſur notre ame les ſons en général, le mouvement de ces ſons, l'ordre dans lequel ils ſe ſuccèdent, conſtatent ce rapport; & les obſervations que l'on a faites ſur la vibration des cordes ſonores en donnent en quelque manière l'explication. Il n'y a que mouvements & ſons d'un côté; il n'y a que mouvements & idées de l'autre. Si le

d'un Corps, ſur lequel ont agi différentes forces, eſt différent du mouvement que chacune de ces forces en particulier eut imprimé à ce corps, ſi elle eut agi ſéparément.

Comment cette réunion de pluſieurs ſenſations en une ſeule ſe fait-elle? Ce n'eſt pas de quoi il s'agit à préſent:

---

mouvement produit les ſons, les ſons reproduiſent le mouvement: la vibration des cordes ſonores le prouve. De même, ſi le mouvement produit les idées, les idées reproduiſent le mouvement: l'expérience nous l'apprend chaque jour: & la réflexion, que la vibration d'une corde ſonore produit une vibration ſemblable dans une autre corde qui ſe trouve à l'uniſſon avec elle, explique comment les ſons & leur ſucceſſion produiſent ſur nos organes des effets ſi variés & ſi puiſſants; effets qui ſont toujours, ce me ſemble, dépendants de l'analogie qui ſe trouve entre les mouvements de nos organes & celui de la Muſique que nous entendons.

J'ai lu quelque part dernièrement que le Métaphyſicien ne devroit pas faire de comparaiſons. Oui ſans doute il ne doit pas en faire dans le genre de celles que doit faire le Poëte; mais lui dire qu'il s'abſtienne des comparaiſons, c'eſt lui dire qu'il ne doit pas chercher d'analogie. Or je le demande; comment trouvera-t'on la vérité ſans le ſecours de l'analogie?

il ne s'agit que du fait. Or le fait, je crois, eſt inconteſtable.

La réunion de pluſieurs ſenſations indifférentes en elles mêmes, ou même déſagréables, priſes chacune ſéparément, peut produire une ſenſation fort agréable. L'arrangement de parties, dont aucune ne plait en particulier, peut plaire. Il y a des ſpectacles qui ne plaiſent que par leur enſemble. Il y a des mets qui plaiſent au goût quoique les éléments dont ils ſont compoſés ne lui plairoient pas.

La difficulté eſt d'expliquer d'une manière nette comment nos ſenſations produiſent par leur combinaiſon tous les ſentiments dont nous ſommes ſuſceptibles; de faire une hiſtoire préciſe des réſultats que nous voyons ſous nos yeux. Cependant le peu que j'ai dit ſuffit déjà pour rendre raiſon de quelques phénomènes. Par exemple; ſi l'effet de nos ſenſations eſt dépendant, non ſeulement de la conformation de nos Organes, mais auſſi de la poſition actuelle dans laquelle ſe trouvent ces Organes & de l'ordre dans lequel nos ſenſations ſe ſuccèdent; de la compagnie, (si l'on peut parler ainsi) qu'elles rencontrent dans le Magasin de notre Mémoire, il n'est pas étonnant que tel objet, qui plait à un homme, déplaise physiquement à un autre homme.

Les éléments, quelque peu variés qu'on les suppose, donnent une grande variété de combinaisons. Or pour qu'un objet plaise, flatte nos sens, il ne faut qu'une combinaison des mêmes sensations, différente de celle qu'il faudroit pour que cet objet déplût.

Un seul principe bien simple servira de base à ma Solution. Si *Helvétius* y eût fait attention, il n'auroit pas donné dans les écarts qu'on lui reproche. Ce principe est que *l'absence de peines est, pour tout Etre qui éprouve des sensations, un état agréable.*

Ce principe seul, que j'ai déjà développé dans mes Réflexions pratiques, donne la Solution du Problème; sur tout quand on réfléchit en même temps à ce que j'ai dit, dans mes Objections aux sociétés secrètes, du contentement, de la conscience de nous-mêmes, de la volonté & de la liberté.

§ II.

L'Absence de peines est, pour tout Etre qui éprouve des sensations, un état agréable. (*d*)

(*d*) Je n'aime pas les disputes de mots. Ainsi il m'est égal dans le fond qu'on admette avec moi la division des sensations & des idées en agréables, désagréables & indifférentes ; ou qu'on la rejette pour prétendre qu'elles sont toutes agréables ou désagréables : car, si l'on prend ce dernier parti, qui cependant n'est pas conforme à la nature du langage, il faudra convenir que tout ce qui n'est pas une peine est un plaisir ; & par conséquent que la masse des plaisirs physiques l'emporte dans la vie de tout animal sur la masse des peines physiques ; puisqu'il est de fait que la santé est l'état ordinaire de tout animal. La douleur, la maladie sont des évènements non moins naturels mais plus rares : le calme est l'état ordinaire de la nature & non l'orage.

Admet-on ma division, alors toute sensation qui n'est pas pénible n'est pas pour cela un plaisir. Ce n'est pas un plaisir, par exemple, de ne pas avoir mal à la tête. Mais il faudra convenir que l'*état* de ne pas éprouver de peines est un *état* agréable ; & que le sentiment de cet *état* est un plaisir. Ainsi le résultat auquel j'en veux venir est toujours le même.

Le sentiment de notre bien-être, c'est-à-dire le

Ce principe explique deux choſes : 1°, qu'il y a des plaiſirs & des peines de l'eſ-

---

ſentiment de n'avoir pas de peines phyſiques corporelles eſt ce que je nomme le contentement phyſique. Le ſentiment de ne pas avoir dans l'eſprit d'idée penible, d'idée qui nous trouble, eſt ce que je nomme le contentement moral. Le contentement moral ſuppoſe le contentement phyſique. Cela n'empêche pas qu'il y ait des perſonnes fort ſouffrantes de corps, qui ſont bien plus contentes que d'autres qui ſe portent très-bien.

Le contentement conſiſte à ne pas avoir de peines. Cependant nous nous réſignons ſouvent à de très-grandes peines d'eſprit & de corps pour nous procurer des plaiſirs ou des choſes que nous prenons pour tels : mais nous ne nous y réſignons que parce que la privation que nous ſentons, en d'autres termes, le deſir qui nous anime, eſt pour nous une plus grande peine que celles auxquelles nous nous ſoumettons pour nous ſatisfaire. (Voyez mes Réflexions pratiques.)

Il y aura des perſonnes peut-être qui trouveront extraordinaire que je me cite moi-même : mais comme j'ai le droit de ſuppoſer que ceux, qui me font l'honneur de me lire, pourroient être tentés de connoître la liaiſon de mes idées ; & qu'en effet les uns de mes principes doivent ſervir de preuves aux autres ; je me flatte que les perſonnes, qui ne critiquent pas par amour-propre, ne m'en ſauront pas mauvais gré.

prit aussi physiques que les plaisirs & les peines des sens : 2°. comment des idées,

---

Quant à celles auxquelles l'amour-propre inspire la critique, je leur donne carte-blanche. Je donne carte-blanche aussi à celles qui pensent qu'en bonne politique elles ne doivent pas laisser croire au Public qu'un homme qui n'est pas de leur secte ou de leur parti, puisse dire des choses raisonnables.

Si l'absence de peines corporelles est la santé du corps, l'absence d'idées pénibles est la santé de l'ame. Mais si la santé du corps est l'état ordinaire de la Nature, il n'en est pas de même de la santé de l'ame: l'ame de l'enfant de la nature se porte sans doute aussi bien que son corps; mais dans l'état actuel des choses, dans l'état de demi-civilisation dans lequel nous nous trouvons, il n'est pas étonnant qu'il y ait beaucoup de malades : & nos médecins, (me disoit quelqu'un l'autre jour) nos Docteurs sont si fort charlatans, si fort occupés de faire valoir leurs drogues, & si peu de la guérison du mal ; si fort acharnés à détruire de légères indispositions qui nuisent à leur intérêt ou blessent leur vanité & si peu zélés à prévenir des pestes générales, dès quelles leur donnent des espérances de fortune ou de pouvoir, que je ne prévois pas comment nous guérirons, à moins que la nature elle-même ne nous tire d'affaire.

Il ne faut pas conclure du principe que j'établis, (je l'ai déja dit dans mes Réflexions pratiques) que

qui ne font point agréables ou défagréables par elles-mêmes, deviennent des plaifirs ou des peines.

Si c'eft un état de bien-être d'avoir des fenfations, du moment qu'aucune des fenfations qu'on a n'eft pénible ; c'eft donc un état de bien-être d'avoir des idées, du moment qu'aucune des idées qui fe trouvent dans notre efprit n'eft pénible : & *Helvétius* auroit dû être convaincu de cette vérité, puis qu'il difoit que toute idée eft une fenfation. (*e*) Mais fi c'eft un état agréable d'avoir des idées, du moment qu'aucune des idées que l'on a n'eft

---

le contentement pofe fur une *négation* : la négation n'eft que dans l'expreffion. L'abfence de peines eft un bien, parcequ'elle fuppofe néceffairement la jouiffance calme de notre exiftence, ce qui eft un bien pofitif. L'abfence de peines eft un état de bien-être pofitif, même pour les Bêtes, quoiqu'elles n'aient pas de cet état le fentiment net que nous en avons ; fentiment qui eft inconteftablement un plaifir pofitif.

(*e*) De la manière que l'entendoit *Helvétius* il a pu dire fans doute que toute idée eft une fenfation ; mais ce n'eft pas parler exactement, c'eft une ma-

pénible, c'eſt donc 1°. un plaiſir primitif & phyſique de penſer. (*f*) 2°. Toute

---

nière de s'exprimer qui peut donner lieu à des mépriſes. Se reſſouvenir & ſentir ſont deux choſes différentes. L'une ſuppoſe l'action actuelle d'un objet extérieur ſur nous, l'autre ne la ſuppoſe pas. D'après ſa manière de s'exprimer, connoître & ſentir ſeroient la même choſe. Or on *connoît* ce dont on *ſe reſſouvient*: on *ſent* ce qui *agit ſur nous*.

(*f*) C'eſt un plaiſir phyſique de penſer, du moment que nous ne penſons pas d'une manière qui nous eſt pénible. L'*état* de *penſer* peut être pénible de deux manières : comme ſentiment, & comme action ; ou en d'autres termes comme ſpectacle, & comme mouvement. C'eſt un état pénible de penſer, quand notre mémoire nous préſente des ſouvenirs fâcheux, des ſouvenirs déſagréables de quelque manière qu'ils le ſoient : alors nous ſommes mécontents. Quand ce mécontentement ne vient que d'un deſir indéterminé d'éprouver des ſenſations plus vives que ne font celles que nous donne la ſucceſſion tranquille de nos idées, nous diſons que nous nous ennuyons. Ce genre d'ennui je le nomme ennui d'habitude ou réfléchi, pour le diſtinguer d'un autre genre d'ennui qui vient de la trop fréquente répétition des mêmes ſenſations, & que je nomme ennui primitif ou de perception.

L'acte de penſer peut être pénible pour nous

idée nouvelle qui n'eſt pas pénible eſt un plaiſir : car toute ſenſation & par conſéquent toute idée que l'on n'a pas encore éprouvée eſt plus vive que celles que l'on éprouve conſtamment. Or il a été dit que toute ſenſation, qui eſt au deſſus de l'Echelle ſur laquelle nos organes ſont placés, eſt un plaiſir du moment qu'elle n'eſt pas une peine. Voila pourquoi la découverte de la *vérité* fait *plaiſir*. Elle nous donne un plaiſir phyſique, *non comme vérité*, mais comme idée, comme ſenſation *nouvelle*. Elle fait encore plaiſir phyſiquement comme *ceſſation de peine*, quand on l'a cherchée long temps : car, quoique ce ſoit un plaiſir phyſique d'avoir l'eſprit occupé *paſſivement*, de laiſſer un libre cours à ſes idées; ce n'en eſt pas un de l'avoir occupé *activement*. C'eſt un plaiſir de *ſentir* & de *connoître*; mais ce

---

comme action, quand nous fatiguons, quand nous tendons trop nos organes. Voila pourquoi la méditation, l'étude, eſt une peine, une peine auſſi phyſique que la fatigue des parties extérieures de notre corps.

ce n'en eſt pas un *d'opérer*, à moins que l'habitude n'ait transformé les opérations *actives* de l'eſprit en opérations *machinales*, c'eſt-à-dire *paſſives*. (g) Auſſi les opé-

---

(g) Un grand principe, que *Helvétius* paroît auſſi avoir entièrement perdu de vue, c'eſt que *ſentir* & *agir* ſont deux choſes très-différentes. Tout dans l'homme ſe réduit à *ſentir* & à *agir*; mais non à *ſentir* uniquement comme il a l'air de le prétendre. Nos Jugements, c'eſt-à-dire les réſultats de notre acte de juger, ſont des ſenſations, ſi l'on veut; mais *juger*, *délibérer*, *imaginer*, ne ſont pas des *ſenſations*: ce ſont des *actes*, des *opérations*, c'eſt-à-dire des *mouvements* du Cerveau. *Opus*, d'où vient *Operatio*, ſignifie *Ouvrage*. Ces opérations de l'eſprit, c'eſt-à-dire ces mouvements de nos organes par leſquels la perception eſt produite en nous, & par le moyen deſquels nous combinons entre-elles les idées que nous avons dans la mémoire; ſont, relativement à nous, tantôt actifs, tantôt paſſifs. Ils ſont actifs, quand c'eſt nous qui les dirigeons; paſſifs, quand ils ſont une ſuite de l'impulſion que nos organes ont reçue des objets extérieurs. Nos organes une fois mis en mouvement, leur jeu continue: il ſe fait des combinaiſons auxquelles notre volonté n'a point de part: alors nos jugements & nos volontés mêmes ſont des *actes paſſifs*. Quand nous dirigeons le mouvement de nos organes, il faut une tenſion qui n'eſt pas néceſſaire quand la machine va d'elle-même. Cette tenſion, qu'on

rations de l'esprit de la plupart des hommes font elles presque toujours passives :

---

nomme *Attention*, est une fatigue qui nous déplait. Or plus nous avons répété certaines opérations, plus elles deviennent machinales : ainsi, quand nous avons pris l'habitude de certains mouvements, il suffit de donner à la machine la première impulsion, pour qu'elle fasse le reste sans nous. Alors ces mouvements ne nous font plus désagréables : ils font des jouissances qui satisfont notre curiosité autant que l'attention déplait à notre paresse.

Quand je dis *Actes passifs* & *Acte*, mouvement *actif*, j'emploie des termes qui semblent contradictoires : mais la contradiction disparoît, quand on réfléchit que tout dans la Nature est actif à certains égards, & passif à d'autres ; & qu'il doit en être ainsi.

Pour s'en convaincre, on n'a qu'à remonter avec moi aux premières observations qui ont pu donner à l'homme les idées d'*Action*, de *Passion* & de *Puissance*.

Il ne s'agit que de lever les yeux vers les objets qui nous environnent, & de les laisser retomber sur nous mêmes, pour s'appercevoir que tout change dans la Nature.

L'idée du changement a fait naître dans l'homme celles d'*Action*, de *Passion* & de *Puissance*. Quand un Etre ou change lui-même par sa propre énergie, ou produit du changement en un autre Etre, on dit qu'il agit : car cette espèce d'*Action*, qui ne naît que de l'impulsion immédiate d'un autre objet, telle que

leurs jugements, leurs délibérations mêmes ſont paſſives; ſont, ſi je l'oſe dire, des

---

l'action d'une flêche ſur la planche contre laquelle je l'ai lancée, on ne la diſtingue communément pas de la *Paſſion. Pâtir* veut dire *recevoir du changement*, être changé par un objet extérieur.

Cette propriété, qu'on remarque dans les Etres, de pouvoir ſe changer par leur propre énergie, ou produire des changements ſur d'autres Etres, on la nomme Puiſſance ou Force-active.

Parmi les Etres matériels il n'y en a pas un qui ſoit un inſtant ſans recevoir des changements par l'impreſſion continuelle que font ſur lui les objets qui l'environnent; & il n'y en a pas non plus qui ſoit un inſtant ſans agir par ſa propre énergie, ne fût-ce que par ſa gravitation ſur la ſurface ſur laquelle il pèſe. Rien n'exiſte donc dans la Nature qui ne ſoit actif à certains égards & paſſif à d'autres.

Néanmoins certains Etres matériels ſeulement produiſant ſur d'autres Etres ou en eux-mêmes des changements dont on s'apperçoit par les ſens, on n'accorde la puiſſance active qu'à ceux là: tels ſont les Végétaux; le Feu qui fond la cire & les métaux, l'Aimant qui attire le fer, &c.: & comme l'on ſent bien qu'ils ne ſauroient avoir en eux-mêmes la raiſon ſuffiſante de leur action, on ne les nomme actifs, que comparativement aux autres Etres matériels qui ſemblent n'agir jamais que quand ils ſont pouſſés immédiatement à l'action par un objet extérieur.

effets du jeu de leurs organes auquel ils ne prennent part que comme ſpectateurs. (*h*) C'eſt l'activité de l'eſprit, & par

---

Les ſeuls Etres, que l'on croit proprement doué de la Puiſſance active, ſont ceux qui ſe déterminent à l'action; l'homme, & (ſuppoſé que l'on ne regarde pas, avec Deſcartes, les bêtes comme des pures machines) tous les animaux.

Oubliant parfaitement un principe, ſi peu révoqué en doute d'ailleurs, que tout Etre fini doit avoir néceſſairement la raiſon ſuffiſante de ſes modifications comme de ſon éxiſtence hors de lui-même; partout où l'on a apperçu de la volonté, l'on a cru voir une puiſſance active. L'homme eſt libre, & il eſt certainement le plus actif des Etres organiſés que nous connoiſſons; mais il n'eſt actif lui-même, que comparativement aux Etres qui le ſont moins que lui: Il n'y a d'Etre vraiment actif, que la *Cauſe-première.*

(*h*) Les acteurs ſont les objets qui nous environnent, & ceux qui ont agi ſur nous depuis le moment de notre exiſtence; & la raiſon ſuffiſante de leur action paroît être inconteſtablement l'*Attraction univerſelle.* Cet agent eſt le *Principium vitæ & motus:* en ſtyle figuré, ou *non-figuré* le ſouffle de l'Eternel qui anime & vivifie toute la Nature. Je développerai cette opinion dans la ſeconde partie de cet Ecrit. En attendant, la ſeule grace que je demande aux Lecteurs puſillanimes, c'eſt de ne pas s'effrayer d'a-

conséquent en dernière analyse, le dégré d'attention (*Helvétius* l'a très-bien senti) dont l'animal est susceptible, qui établit la vraie ligne de démarcation entre les Hommes & les Bêtes, ainsi que les différences que nous remarquons entre les Hommes & les Hommes.

Si c'est un état physiquement agréable de penser, c'est-à-dire de jouir du spectacle que nous donnent nos idées, du moment qu'on n'a pas d'idées désagréables

---

vance sans nécessité. Ils n'ont rien à craindre, je leur en donne ma parole. Quand même la vérité de cette opinion seroit démontrée, il n'en résulteroit rien contre l'immortalité de l'ame. Mais il résulte souvent de grandes absurdités de la crainte prématurée des conséquences auxquelles on suppose que peut mener un principe. Quand une proposition, qui nous paroit vraie, nous semble contraire à une autre proposition dont la vérité nous est chère, contentons nous de douter : ne souffrons pas que notre présomption, notre orgueil, notre légèreté prononcent, ni en faveur de l'une, ni en faveur de l'autre. Il seroit possible qu'elles fussent vraies l'une & l'autre, & que notre ignorance seule, dont nous avons tant de preuves, nous empêchât d'appercevoir la liaison qui se trouve entre-elles.

qui troublent cette jouiſſance ; & ſi ce n'eſt plus un état agréable de fixer long-temps le même objet, de méditer, d'approfondir ; par la même raiſon par laquelle ce n'eſt pas un plaiſir, mais une peine, d'éprouver long-temps de-ſuite la même ſenſation ; de tendre, de fatiguer une partie quelconque de notre corps, de la mouvoir d'une manière à laquelle nous ne ſommes point habitués, on voit que la curioſité & la pareſſe ſont naturelles à l'homme, & qu'il ne recherche à ſatisfaire la première, que quand cela peut ne pas être aux dépens de la dernière ; ou que l'attrait de la ſatisfaire eſt plus grand pour lui que le plaiſir de ne rien faire. Nous aimons à *ſentir* : *l'action* nous déplait tant qu'elle n'eſt pas *machinale*, c'eſt-à-dire indépendante pour ainſi dire de notre intervention : cependant, comme il n'y a rien à quoi on ne s'habitue, pas d'actions qui ne puiſſent devenir machinales ; un homme, qui a fait ſouvent certains mouvements, n'en eſt plus fatigué ; tandis que ces mêmes mouvements ſeroient exceſſivement pénibles pour tout autre : & comme il en eſt des mouvements du Cerveau comme du mouvement des bras & des jambes; un homme, habitué à la méditation, ne ſe fatigue plus en s'appliquant. Pour les hommes de cette eſpèce la méditation eſt un état auſſi peu pénible, & par conſéquent auſſi agréable, (car toute occupation qui n'eſt pas pénible eſt agréable) qu'il eſt agréable pour les autres hommes de laiſſer aller leurs idées à l'aventure : & comme outre cela l'étude ſatiſfait notre curioſité (ce qui eſt un plaiſir phyſique) & nous préſerve de l'ennui, qui eſt une peine auſſi phyſique que toutes les peines corporelles; il eſt clair que l'Etude, indépendamment des différentes cauſes morales (telles que le ſurcroît qu'elle nous procure de notre eſtime pour nous-mêmes; la diſtraction qu'elle nous donne de nos ſoucis & de nos chagrins) qui nous la rendent chère; peut nous rendre fort heureux, ſans que nous y ſoyons déterminés par le deſir de la Gloire : & il eſt clair que le bonheur qu'elle nous procure alors eſt même d'autant plus deſirable, qu'il eſt indépendant des autres hommes ; que nous en ſommes les maîtres, & que c'eſt une jouiſſance qui jamais ne nous cauſe de remords.

Je dis que l'ennui eſt une peine phyſique. En effet, ſi toute idée nouvelle qui n'eſt pas pénible eſt un plaiſir, toute idée trop ſouvent répétée doit, de même que toute ſenſation, finir par devenir pénible. Tout mouvement trop ſouvent répété eſt fatigant. Ainſi, ſi l'on nomme ennui la trop fréquente repréſentation des mêmes images, on ſent que l'ennui eſt une peine phyſique, dépendante ou de la tournure de notre eſprit, ou du cercle étroit de nos idées qui nous ramène trop ſouvent les mêmes objets. Mais, quoiqu'en diſe M. l'Abbé *Dubos*, ce genre d'ennui eſt rare. Je ne ſaurois convenir que ce ſoit parler exactement de dire, comme il fait, que c'eſt un beſoin d'avoir l'eſprit occupé. C'eſt un plaiſir de penſer, du moment que nos penſées ne ſont pas pénibles : mais on ne peut pas dire que ce ſeroit une peine de ne pas penſer, quand même cela ſeroit poſſible : ce n'eſt donc pas parler exactement de dire que c'eſt un beſoin d'avoir l'eſprit occupé. L'ouvrage de M. l'Abbé *Dubos* ſur la Peinture & la Poëſie n'en eſt pas moins un des plus eſtimables ouvrages que je connoiſſe; un ouvrage auxquel je dois beaucoup de reconnoiſſance.

Quand une fois on a pris l'habitude d'une certaine occupation, elle devient un beſoin. Quand on a pris l'habitude de ſe livrer à des impreſſions vives, des impreſſions moins vives peuvent devenir pour nous un ſujet d'ennui. Mais ſi l'ennui étoit une peine que tout homme éprouvât, les hommes qui ont le moins d'idées s'ennuieroient le plus : or il eſt de fait que ce ſont ceux qui, après les ſages, s'ennuient le moins. L'homme ſauvage, dit-on, court s'aſſeoir, dès qu'il le peut, au bord d'un ruiſſeau pour ſe déſennuyer; parce que, dit-on, le mouvement de l'eau lui donne une eſpèce de ſpectacle. Je conviens, ſi l'on veut, de la conſéquence. Le ſpectacle que lui donne le mouvement de l'eau lui fait plaiſir; car toute ſenſation qui n'eſt pas pénible eſt un plaiſir: on conçoit d'ailleurs par la nature de notre esprit que la vue d'un objet en mouvement peut souvent faire plus de plaisir que n'en fait la vue d'un objet en repos. (*Voyez la Note c.*) Ainsi le souvenir de ce plaisir, quand une fois le Sauvage l'a éprouvé, lui inspire le desir de se le procurer encore dès que la marche habituelle de ses idées ne lui fournit pas des plaisirs aussi vifs : (on préfère un plus grand à un moindre plaisir) mais ce n'est pas un besoin naturel qui l'y fait courir.

L'homme habitué à la dissipation, à des sensations vives, s'ennuie sans doute lors qu'il se trouve vis-à-vis de lui-même : mais il ne s'ennuieroit pas, s'il n'avoit pas fait connoissance avec des jouissances plus vives. D'ailleurs souvent, & peut-être le plus souvent, ce n'est pas l'ennui; ce sont les soucis & les remords qui empêchent l'homme civilisé & surtout l'homme du monde de jouir en paix du spectacle de son intérieur, & qui le forcent de rechercher la dissipation pour se distraire de lui-même, pour fuir (si l'on peut parler ainsi) les ennemis domestiques qu'il nourrit dans son sein.

Je crois avoir prouvé qu'il y a des ſentiments & des penchants primitifs de l'Eſprit. Toute idée nouvelle eſt un plaiſir; & par conſéquent la curioſité, un penchant primitif & phyſique de l'Eſprit. La tenſion des organes eſt une peine; & la pareſſe par conſéquent, une diſpoſition, ou ſi on l'aime mieux, un penchant phyſique de l'Eſprit. Outre ces plaiſirs & ces peines, il y a encore bien d'autres ſentiments primitifs de l'Eſprit, où pour parler plus exactement, de l'Ame. Tout ce qui a de l'analogie avec l'ordre dans lequel nos idées ſe ſuccèdent & s'arrangent dans notre mémoire, donne du plaiſir à l'Eſprit; & tout mouvement, qui a du rapport avec celui de nos organes ou avec celui des fluides qui circulent dans notre corps, (fluides dont le mouvement plus ou moins accéléré forme la diſpoſitions phyſique de l'Eſprit) affecte peut-être notre Ame & par conſéquent notre Eſprit. (*Voyez la Note c.*)

Je donnerai dans l'Ouvrage que je publierai une claſſification exacte de tous les ſentiments dont nous ſommes ſuſceptibles.

Ici il n'eſt pas néceſſaire d'entrer dans tous ces détails : il ſuffit d'obſerver que, ſi c'eſt un plaiſir phyſique de penſer, (ce que je crois avoir prouvé) il n'y a rien que l'eſprit ne puiſſe transformer en plaiſir ou en peine. L'habitude d'un côté & la réflexion de l'autre engendrent une variété indéfinie de ſentiments dont l'exiſtence ne ſeroit pas poſſible, ſi l'abſence de peine n'étoit pas pour nous un état agréable.

Il ſuffit que notre eſprit ait pris une certaine marche, pour que ce ſoit une peine pour nous de donner un autre cours à nos idées : il ſuffit que nous ayons éprouvé ſouvent une ſenſation non-pénible, pour que ce ſoit une privation de ne pas l'éprouver encore : il ſuffit que nous ayons pris l'habitude de deſirer une choſe, agréable ou non en elle-même, pour que ce deſir, foible dans le principe, finiſſe par devenir une paſſion véhémente; car ſi la durée, la fréquente répétition du même acte émouſſe le ſentiment du plaiſir, la durée du deſir augmente le deſir.

D'un autre côté il suffit qu'une idée nous annonce un bien ou un mal, non seulement pour desirer ou craindre le bien ou le mal qu'elle nous annonce, mais aussi pour que cette idée elle-même soit pour nous une peine ou une jouissance réelle. Que la réalité réponde à notre idée, ou que nous soyons dans l'erreur, le sentiment réfléchi de joie ou de tristesse est le même. Les sentiments fondés sur l'erreur ont même d'autant plus de pouvoir sur nous, que, nous faisant toujours courir après la jouissance sans que nous puissions jamais l'atteindre, nous parvenons difficilement à en reconnoître le néant.

Les sentiments réfléchis doivent, comme l'on voit, être distingués en réels & en apparents; & les uns & les autres peuvent être subdivisés en sentiments réfléchis primitifs & réfléchis d'habitude.

Si l'absence de peine n'étoit pas un état agréable, il n'y auroit pas d'autres sentiments réfléchis que ceux que l'*Auteur de l'Esprit* nomme plaisirs ou peines d'attente & de réminiscence; & même les ſentiments, que cet Auteur nomme ainſi, ſeroient à-peu-près nuls. Mais l'abſence de peines étant un état agréable, tout homme, comme je le prouverai, deſirant avant toute autre choſe d'être content de lui-même; ou du moins (ce que l'on ne me diſputera certainement pas) le deſir d'être contents de nous-mêmes, de notre intérieur, ayant néceſſairement un grand pouvoir ſur nous; toute idée, toute réflexion qui nous prouve ou nous perſuade que nous avons lieu d'être contents de nous-mêmes, eſt pour nous une jouiſſance réelle, indépendante de toute habitude & de toute attente.

De même toute réflexion, qui nous annonce ou nous fait eſpérer un évènement propre à nous contenter, eſt, non un plaiſir d'attente, mais une jouiſſance réelle.

Sous ce point de vue l'on voit de combien de jouiſſances nous ſommes ſuſceptibles : l'on voit combien la réalité des choſes doit faire naître de plaiſirs & de peines; & combien plus encore en doit engendrer l'erreur. L'erreur eſt une ſource ſi féconde de plaiſirs & de peines, que pendant long-temps j'ai cru qu'elle étoit la cauſe unique des ſentiments moraux : & ſi je n'euſſe pas réfléchi que l'abſence de peine eſt un état agréable par lui-même, je ne fuſſe pas plus revenu de mon opinion qui étoit elle-même une erreur, que l'Auteur célèbre de *l'Eſprit* n'eſt revenu de la ſienne.

Si l'on réfléchit à ce que je viens de dire, l'on ſentira que les plaiſirs & les peines, que cet Auteur nomme d'attente & de réminiſcence, ne ſont point, à parler exactement, des jouiſſances, quand on les conſidère comme attente ou réminiſcence. En effet, quelque gourmand que l'on ſoit, quel plaiſir y a-t-il d'attendre un dîner ſur-tout quand on a faim? Quand on a faim, c'eſt une conſolation, j'en conviens, de ſavoir que bientôt on ſera à portée de ſatisfaire le beſoin dont on eſt tourmenté; mais cette conſolation eſt un plaiſir négatif, c'eſt à dire une diminution de peine. Ainſi elle n'a pas de rapport direct avec le plaiſir que donnera le manger qu'on attend.

Je fais bien que l'on éprouve une efpèce d'avant-goût d'une chofe qui flatte beaucoup nos fens, quand on fe trouve prêt à en jouir ou qu'on fe la rappelle vivement : les chiens fe relêchent la gueule quand on leur préfente leur manger : on ne dit pas fans raifon dans la converfation, pour exprimer combien on defire une chofe, *l'eau m'en vient à la bouche*. Mais cet avant-goût lui-même n'eft pas un plaifir; c'eft un defir qui, combiné avec d'autres fenfations ou idées, peut devenir un plaifir : mais dès lors il n'eft plus un plaifir d'attente; il eft un fentiment fubfiftant par lui-même.

Quel plaifir y a-t-il à attendre un rendez-vous? Le plaifir principal ne donne pas de jouiffance d'avance. Les alentours de ce plaifir, les charmes que lui prodigue notre imagination en donnent fans doute d'avance & après; mais ces plaifirs & ces peines, que notre imagination enfante, font auffi réels & plus réels avant & après la jouiffance du plaifir principal, que pendant cette jouiffance. Ils font fouvent des fentiments abfolument indépendants

pendants de lui : ils lui ſont quelque fois ſupérieurs. Qu'on interroge de jeunes Amoureux ; il y en a peu qui ne ſacrifieroient le vœu qui ſemble les guider, à la gloire de la Divinité qu'ils adorent. Et quand un grand Ecrivain de notre Siècle diſoit qu'il n'y a de bon que ce qui n'eſt pas, il diſoit vrai à bien des égards. Il n'y a donc pas, à parler exactement, des plaiſirs & des peines qu'on puiſſe nommer d'attente & de réminiſcence.

Il paroît que *Helvétius* confondoit les plaiſirs & les peines avec les deſirs & les craintes ; c'eſt-à-dire qu'il attribuoit aux uns de ces ſentiments ce que l'on ne peut attribuer qu'aux autres.

Les deſirs ne ſont pas des jouiſſances ; mais ce ſont les deſirs, & non les plaiſirs, qui *nous* font agir. C'eſt à quoi *Helvétius* & pluſieurs autres Philoſophes paroiſſent ne pas avoir aſſez réfléchi.

S'ils y euſſent réfléchi, ils n'euſſent pas été embarraſſés d'expliquer comment des choſes, qui ne nous font que fort-peu de plaiſir, peuvent avoir ſur nous un empire que n'ont pas de très-grands plaiſirs.

§ I I I.

CONfondre les plaiſirs & les peines avec les deſirs & les craintes, eſt un moyen de parvenir à un réſultat auſſi fautif, que le ſeroit le procédé d'un Phyſicien, qui, pour calculer l'effet de la lumière que nous réfléchit la Lune, prendroit pour unique baſe de ſon calcul la lumière, telle qu'elle émane directement du Soleil.

Il eſt clair d'abord que le plaiſir ne fait pas agir : on n'agit pas ſans motif. Or quand on jouit on n'a pas de motif de changer de poſition ; *Qui ſta bene non ſi muove.* Les peines font agir : mais ce ne ſont ni les peines ni les plaiſirs des ſens qui *nous* font agir. Les ſenſations ne déterminent en aucun cas notre volonté : elles ne déterminent ni notre volonté active ni notre volonté paſſive.

En effet quand notre entendement eſt formé, nous agiſſons de quatre manières eſſentiellement diſtinctes : ou 1.° par impulſion ; ou 2°. par choix réfléchi, c'eſt-à-dire par raiſon ; ou 3°. par une continuation de la première impulſion que nous avons reçue, sans que notre réflexion y prenne part. Quand on agit ainsi, on agit par instinct, c'est-à-dire par une suite nécessaire du jeu des organes que les objets extérieurs ont mis en mouvement : on combine, on juge, on veut passivement : on est spectateur, non acteur. C'est ainsi que les Brutes agissent. Ou 4°. (& c'est là la manière d'agir la plus commune) nos actions sont produites par un mêlange de choix réfléchis & d'impulsions. Plus il entre de choix dans nos actions, plus elles sont libres : moins il entre de choix dans le mêlange, plus elles se rapprochent de celles des Bêtes. Le suprême dégré de liberté seroit d'agir toujours par choix : & le suprême dégré de perfection, auquel un Etre organisé pourroit atteindre, seroit que cette manière d'agir toujours par choix réfléchi, passât elle-même en habitude.

Faisons ici une parenthèse pour donner une idée nette de l'habitude. Une manière d'agir passe en habitude, quand nous parvenons, par le fréquent exercice de nos organes, à leur faire suivre sans notre intervention, la direction que nous voulons leur donner. L'habitude par conſéquent n'eſt qu'une continuation machinale du mouvement des organes. Ainſi l'habitude, quand elle eſt artificielle, ne diffère de l'inſtinct, que par la cauſe qui a mis les organes en jeu; & quand elle eſt naturelle, elle n'en diffère pas du tout.

Cela étant, au lieu de dire que nous agiſſons de quatre manières, il ſeroit également juſte de dire que nous n'agiſſons que de trois manières; c'eſt-à-dire ou par impulſion, ou par choix réfléchi, ou par une continuation du mouvement qui a été donné aux organes, ſoit par nous-mêmes, ſoit par les objets extérieurs, ſoit par une combinaiſon quelconque de ces deux cauſes, dont la ſucceſſion peut ſe varier d'autant de manières que les combinaiſons de *Croix* & *Pile*.

Cette claſſification faite, on ſentira, pour peu que l'on veuille y penſer, que de toutes ces manières d'agir il n'y a que la première qui ſoit en raiſon directe de la ſenſation: dans tous les autres cas il y a toujours, ſi non une eſpèce de choix, ou accompagné ou non-accompagné de réflexion, du moins un concours de circonstances : dans tous les cas, hors le premier, nos actions & même celles des Bêtes, dès que celle-ci n'agissent pas par impulsion, sont toujours des résultats d'une combinaison. Or dans le premier cas, c'est-à-dire quand nous agissons par impulsion, on ne peut pas dire que ce soit *nous* qui agissions ; le corps agit absolument seul : c'est ainsi que ma main se retire d'elle-même quand on la pique avec une épingle, ou qu'on en approche un tison ardent. On peut dire par conséquent avec vérité que les plaisirs & les peines des sens ne *nous* font jamais agir.

Les plaisirs & les peines occasionnent en nous d'autres sentiments qui nous font agir : mais ces sentiments qui nous font agir, sont toujours des sentiments composés.

Pour peu que l'on réfléchisse, on sentira que nous ne sommes tout ce que nous sommes, que par notre mémoire. Sans mémoire, nous serions des Automates. Or si nous sommes nuls sans mémoire, ce sont donc nos souvenirs qui nous guident. Ces souvenirs diffèrent déjà des fenſations qu'ils repréſentent : & s'il eſt clair qu'un ſentiment ſolitaire ne ſuffit pas pour que l'eſprit ſe détermine ; s'il faut qu'il y ait choix pour qu'il y ait volonté ; les ſentiments qui nous guident ſont donc des ſouvenirs combinés avec d'autres ſouvenirs ou avec des ſenſations actuelles : les ſentiments qui nous déterminent ſont donc des ſouvenirs modifiés par d'autres impreſſions, auxquelles ils ſe ſont aſſociés dans notre mémoire, & dont ils ont reçu des forces qu'ils n'auroient pas eues par eux-mêmes ; ou bien, auxquelles ils ont communiqué une partie de leur activité naturelle. Il n'eſt donc pas étonnant que les ſentiments qui nous guident, ſentiments qu'on nomme deſirs ou craintes, aient ſur nous un pouvoir très-différent du pouvoir qu'auroient ſur nous les plaiſirs & les peines qui excitent en nous ces deſirs & ces craintes, ſi ces plaiſirs & ces peines agiſſoient ſur nous immédiatement. En un mot, le pouvoir des deſirs doit être calculé dans une autre *raiſon* que celui des plaiſirs qu'on deſire. On ne deſire pas une choſe en raiſon de ce qu'elle vaut par elle-même : chacun la desire *en raison* de ce qu'elle vaut, ou plutôt de ce qu'il croit qu'elle vaut pour lui dans tel moment, en supposant telles données. Ainsi il n'est pas étonnant que des choses, dont il semble que le pouvoir devroit être fort-grand, en aient un très-foible; tandis que d'autres, dont le plaisir en lui-même paroît presque nul, aient sur nous un très-grand empire. Il n'est donc pas étonnant que les sentiments intellectuels aient un plus grand pouvoir, que n'en ont les desirs & les craintes que nous inspirent les plaisirs & les peines des sens. Tout dépend de la tournure de notre esprit & du pli que notre esprit a pris; en d'autres termes tout dépend de notre Raison & de nos habitudes : l'expérience le prouve. Souvent la force de l'habitude ne nous permet pas de céder à l'attrait des plus grands plaisirs : demandons-le aux Novices dans tous les genres; les premiers pas coûtent des efforts dans le mal comme dans le bien. D'un autre côté notre Raison, quelque mal qu'on se plaise à dire d'elle, résiste souvent aux ſens & triomphe quelque fois des habitudes les plus invétérées.

Les principes que j'ai établis pourroient ſuffire pour expliquer la poſſibilité de ce phénomène : cependant, pour qu'on ſoit encore moins dans le cas de demander d'où vient à la Raiſon ce grand empire, en ſuppoſant avec moi que toutes nos idées nous viennent immédiatement par les ſens, je répéterai que cet empire lui vient de ce que le bonheur ne réſide pas dans le plaiſir, mais dans le contentement; & de ce que tout Etre, qui penſe, a l'inſtinct de cette vérité en lui-même.

Si l'on réfléchiſſoit que nous ſommes (ſi l'on peut parler de la ſorte) beaucoup plus ſouvent avec notre ame que nous ne ſommes avec notre corps; que nous ſommes inconteſtablement, de quelque hypothèſe que l'on parte, des Etres moraux, c'eſt-à-dire des Etres agiſſant par combinaiſon, & non des Etres phyſiques; & que nous ne vivons, que nous n'exiſtons que par nos idées; on ceſſeroit d'être ſurpris de mon opinion.

Tâchons de la développer.

§ I V.

J'Ai nommé contentement, l'absence de peines, & j'ai dit que le bonheur est la continuité de cet état : il s'agit de prouver cette dernière proposition à ceux qui pourroient n'en être pas encore convaincus.

Avant de parler du contentement des Hommes, commençons par parler de celui des Bêtes : car il paroît encore plus extraordinaire de dire que même le bonheur des Bêtes ne réside pas dans les plaisirs des sens, que de le dire du bonheur des Hommes : & cependant rien n'est plus vrai. C'est une vérité, comme l'on va voir, même plus frappante relativement aux Bêtes, que relativement à une certaine classe d'Hommes.

Les Bêtes ne sont susceptibles que du contentement physique : leur contentement consiste à ne pas avoir de peines corporelles : & comme elles ne réfléchissent pas, elles n'ont pas de leur bien-être le sentiment abstrait que nous avons du nôtre. Ainsi on ne peut pas dire d'elles qu'elles préféreroient un tel état à un tel autre état. Par exemple : si l'on pouvoit donner à un Chien ou à un Cheval le choix, ou bien, de ne jamais avoir de peines en sa vie, c'est-à-dire d'avoir la jouissance libre de ses facultés, mais sans jamais éprouver de sensations vives, de ce que l'on nomme plaisirs des sens ; (bien-entendu qu'il n'en auroit pas non plus le desir ; qu'il n'en éprouveroit pas le besoin : car s'il éprouvoit ce besoin & qu'il ne pût pas le satisfaire, on ne pourroit pas dire qu'il auroit la libre jouissance de ses facultés) ou bien, d'éprouver en sa vie les plaisirs des sens les plus vifs & les plus fréquents qu'un animal de son espèce puisse éprouver, mais de passer le reste de son temps, c'est-à-dire les longs intervalles qui séparent une jouissance de l'autre, dans cet état continu de gène, de mal-aise qu'un animal éprouve pendant quelque temps quand on le prive de sa liberté ; & d'être exposé en même temps aux peines vives, c'est-à-dire aux douleurs auxquelles sont exposés les animaux de son espèce ; si l'on pouvoit, dis-je, donner à un Chien ou à un Cheval le choix de ces deux états, il ne pourroit pas choisir : car, pour faire ce choix, il faut de la réflexion. Mais si l'on disoit à un homme, qui s'intéresseroit au bien-être de cette Créature, de choisir à sa place; cet homme, pour peu qu'il pensât, préfèreroit incontestablement pour son pupille le premier état au dernier. Pourquoi? parceque le temps que tout animal ou du moins la plupart des animaux passent à ne pas avoir de plaisirs vifs, c'est-à-dire à ne pas manger & à ne pas s'accoupler, est sans comparaison plus considérable que le temps qu'ils passent ou peuvent passer à se donner ces plaisirs; & parceque les peines vives, les douleurs, dont on suppose que l'animal en question seroit délivré dans le premier état, & auxquelles on doit supposer qu'il seroit exposé dans le second, doivent aussi & avec d'autant plus de raison être mises sur la balance, que les plaisirs vifs, c'est-à-dire les voluptés sont toujours par la nature des choses entremêlés de peines vives, ne fût-ce que des desirs qui précédent ces voluptés; desirs qui sont toujours des peines plus ou moins vives, en raiſon qu'ils ſont plus ou moins violents.

Mais je vais plus loin. Je dis : quand même on ne mettroit pas les peines vives ſur la balance, encore le premier état ſeroit-il préférable, par la ſeule comparaiſon de la brièveté du temps que dure la jouiſſance des voluptés, avec la longueur de celui qui ſépare ces jouiſſances les unes des autres.

Je ſens qu'on pourroit me faire une objection à laquelle il faut répondre.

On pourroit dire avec raiſon, & je l'ai dit moi-même dans cet Ecrit, que „ les „ biens & les maux dans la vie ne peu- „ vent pas être évalués uniquement en „ raiſon de leur durée ; mais qu'il faut faire „ entrer auſſi dans le calcul l'intenſité, c'eſt- „ à-dire la vivacité des biens ou des maux „ que l'on compare entre-eux : or d'a- „ près ce principe, une courte vie vo- „ luptueuſe peut donc être de beaucoup „ préférable à une longue vie non-peni- „ ble : il n'eſt donc pas dit qu'il faudroit „ préférer l'état permanent de contente- „ ment d'un Animal à un état de mécon-

„ tentement durable qui seroit entremêlé „ de fréquentes jouissances voluptueu- „ ses. „

Le principe, sur lequel cette Objection appuie, est vrai, mais la conséquence ne l'est pas. Quand on considère les choses en elles-mêmes, il suffit, pour connoître la force de l'action dont elles sont capables, de les évaluer en raison composée de la durée & de l'intensité de leur action. Ainsi, pour nous mettre a portée de faire un choix raisonnable entre deux peines ou deux plaisirs, il suffit de les estimer en raison composée de la durée & de l'intensité de leur effet sur nous; bien entendu que nous soyons certains d'éprouver ces sentiments : car, s'il n'y a que probabilité, il faut, pour faire un choix raisonnable, après avoir déterminé la valeur de ces deux sentiments (entre lesquels nous voulons choisir) en raison composée de leur durée & de leur intensité, les évaluer en raison composée de ce résultat & de leur probabilité. Cette manière de procéder suffit quand il s'agit de nous mêmes: mais quand il s'agit d'un autre Etre organisé, alors l'intensité varie, c'est-à-dire la vraie mesure de l'intensité ne peut être que l'effet, que le plaisir ou la peine dont il est question, produit sur cet Etre : l'effet qu'une chose fait sur nous, ou en général, ne peut pas servir de règle.

Tout dépend de l'organisation & de l'état dans lequel se trouve l'Etre qui doit éprouver le sentiment. La durée même du sentiment produit des effets dépendants des circonstances. Par exemple, une douleur, qui dureroit un jour, seroit de peu de considération par sa durée pour un homme qui auroit cinquante ans à vivre : pour un homme, qui n'auroit à vivre que deux jours, elle seroit incontestablement fort grave. Cela étant, deux peines, quoique différentes & par leur intensité & par leur durée, peuvent produire absolument le même effet sur deux Etres d'une organisation différente, ou placés dans des circonstances différentes.

Pour peu que l'on veuille suivre cette idée, on trouvera que le contentement, de même que la conviction, est un sentiment qui n'est susceptible ni d'augmentation ni de diminution. Il ne s'agit pas ici, il est vrai, du contentement, ou plutôt du bien-être, considéré comme sentiment abstrait; parce que nous parlons des Bêtes : il s'agit de l'*état* de contentement ou de l'*état* de bien-être : mais cet *état* est un *état* qui, considéré comme un bien ou un mal, n'est susceptible (de même que le sentiment qui en résulte par abstraction) ni d'augmentation ni de diminution. Il est égal à un point mathématique : c'est *l'ultimatum*, le dernier dégré que l'on puisse atteindre.

L'absence de peines forme le contentement, de même que l'absence de doutes produit la conviction. Dès qu'il y a le plus léger doute, il n'y a plus de conviction : il y a *croyance*, *opinion*. De même, dès qu'il y a la plus légère peine, il n'y a plus de contentement. De deux hommes qui sont convaincus, l'un peut l'être par d'excellentes raisons, l'autre par de mauvaises : mais le sentiment de conviction qui en résulte est le même de part & d'autre.

La différence qu'il y a entre la conviction & le contentement, c'est que la conviction peut être distinguée en réelle & en apparente ; tandis que le contentement est toujours réel. On peut dire d'un homme qu'il a tort d'être convaincu : on ne peut jamais dire qu'il a tort d'être content.

Le mécontentement a des dégrés, & même le bonheur en a : car j'appelle bonheur, la continuité du contentement. Or l'état de contentement peut être plus ou moins durable. Le bonheur réel ne diffère du bonheur apparent, qu'en ce que l'un procure un contentement durable, & l'autre un contentement passager. (*i*) La manière

(*i*) L'homme parfaitement heureux seroit celui qui seroit toujours content. Mais il n'y a pas de bonheur parfait dans ce monde : l'homme le plus heureux est celui qui est le plus souvent content, ou le plus rarement mécontent : car le contentement même, à parler rigoureusement, n'existe pas. Il n'y a pas d'homme sans desirs ; pas d'homme qui, en se repliant sur lui-même, ne trouve en lui quelque chose qui lui déplaise. Il en est du contentement idéal, comme du cercle idéal, comme de la beauté idéale. L'idéal n'existe pas : mais il faut le connoître ; car il est la mesure des choses existantes.

nière d'être content ou de rendre quelqu'un content varie, a des combinaisons indéfinies ; mais le contentement en soi est toujours le même : il n'a de dégrés que ceux que lui donne sa durée. Ainsi dès qu'il y a desirs, il n'y a pas de contentement : or il n'y a pas de plaisir pour qui n'en a pas le désir : donc les plaisirs n'ont aucun rapport avec le contentement : donc la durée seule du contentement décide du choix qu'il faut faire entre deux états : les plaisirs ne peuvent pas entrer en ligne de compte.

Il n'en est pas ainsi des peines vives. La crainte de peines fort vives, quoique peu durables, pourroit faire renoncer à un état, qui, dans l'intervalle de ces peines, nous offriroit le contentement le plus permanent : car les peines physiques ont toujours de la réalité, tandis que les plaisirs physiques n'en ont aucune pour celui qui les ignore. Les peines sont contraires à notre nature : les plaisirs vifs ne lui sont pas nécessaires.

Ce que je viens de dire suffit, je crois, pour prouver que le bonheur des Hommes & même celui des Bêtes, autant qu'elles en ſont ſuſceptibles, réſide dans le contentement : il me reſte à montrer, pour parvenir au réſultat auquel j'aſpire, que tout homme a en lui-même l'inſtinct de cette vérité, & que tout homme en effet *veut* être content de lui-même; que c'eſt là (& non l'intérêt, non l'amour-propre) le vœu qui guide la volonté de tous les hommes même les plus ſenſuels.

Il eſt clair d'abord que tout Etre organiſé ne recherche le plaiſir que pour fuir la peine : on ne cherche le plaiſir que quand on en a le deſir, c'eſt-à-dire le beſoin, ſoit naturel, ſoit factice : or les deſirs ſont des peines : ainſi c'eſt toujours pour fuir la peine, qu'on recherche le plaiſir : c'eſt donc toujours, pourrois-je dire, l'abſence de peines, en d'autres termes le contentement, que l'on cherche même quand on ſe livre aux plaiſirs des ſens, quand on ſatisfait ſes beſoins. Mais ce n'eſt pas là à quoi je me borne quand je dis que tout homme veut être content de lui-même; je vais beaucoup plus loin : je prétends que tout homme veut (non d'une volonté dont il ſe rende un compte net à lui-même, mais d'une volonté qui cependant n'en est pas moins constante, & dont l'existence ne sauroit échapper à un scrutateur attentif du cœur humain) que tout homme, dis-je, veut ne pas trouver en lui-même de souvenir moral pénible (c'est-à-dire de ces souvenirs qui sont pénibles, quoi qu'ils n'aient pas de rapport avec les plaisirs & les peines des sens) & par conséquent que tout homme *veut* que *ses actions* soient conformes *à sa raison.*

Il n'y a pas d'homme, quelque sensuel qu'il soit, qui ne vive beaucoup plus par ses souvenirs, qu'il ne vit par ses jouissances ; & dont on ne puisse dire par conséquent qu'il est beaucoup plus avec son ame, qu'il n'est avec son corps; c'est-à-dire qu'il pense plus qu'il ne sent. On peut le dire & des hommes les plus brutes & de ceux qui mettent le plus de raffinement dans leurs jouissances; qui s'en font leur occupation favorite. Il semble à la vérité qu'on pourroit le dire avec plus de raison des premiers, qu'on ne peut le dire de ceux-ci : car les hommes, qui ont le plus de ressemblance avec les

Bêtes, qui vivent le plus à leur exemple, ne sont en vérité pas ceux qui méritent d'être nommés les plus sensuels. Ils se livrent au plaisir, ainsi que les Bêtes, dès que le besoin les y appelle : ils ne savent ce que c'est que de résister à la Nature ; mais, à l'exemple des Bêtes, leurs besoins satisfaits, ils n'y pensent plus. Ils ont donc, d'une jouissance à l'autre, de longs intervalles à remplir ; & il leur importe que cet état de repos ne soit pas un état fâcheux, mais un état de bien-être.

On pourroit croire le contraire des derniers, c'est-à-dire des hommes voluptueux par principe ; dont l'esprit n'est occupé que de leurs sens, & qui font durer les plaisirs en remplissant de jouissances factices les intervalles qui les séparent. C'est ce qui m'a fait dire en parlant des Bêtes qu'il est plus évident que leur bonheur réside dans le contentement, que cette vérité n'est évidente quand on parle de cette classe d'hommes : mais quand on y réfléchit, on voit qu'il en est de ces hommes comme des autres : ce n'est pas le physique, c'est leur imagination, leur esprit qui les occupe. Le physique ne peut occuper qu'autant que durent les besoins : tout ce qui est au delà de ces besoins est le fruit, heureux ou malheureux, des charmes que prodigue au physique notre imagination. Ainsi les hommes les plus occupés de leurs voluptés n'en sont pas moins beaucoup plus avec leur Ame, qu'ils ne sont avec leur Corps. On n'est avec celui-ci que quand on jouit, ou que l'on souffre : dès que l'on pense, sans éprouver des besoins, (que ce soit à son corps que l'on pense, ou à d'autres objets) on est avec son Ame.

Or si, comme je crois l'avoir prouvé, tout homme pense plus qu'il ne jouit; (d'où il résulte, ce que je crois avoir prouvé aussi, qu'il importe bien plus à tout homme de ne pas avoir d'idées pénibles, qu'il ne lui importe d'avoir des plaisirs vifs) il est clair que le desir de ne pas avoir d'idées pénibles est le plus fréquent que nous puissions éprouver, & doit être par conséquent le desir dominant de tout homme; un desir qui l'emporte avec d'autant plus de raison sur tous les desirs vifs produits par les sensations vives, qu'il s'étend sur toute la vie, sur tout notre Etre; tandis que ceux-ci n'ont pour objet que des jouissances particulières & déterminées. Il est clair que la fréquente répétition de ce desir doit le transformer en instinct; & que tout homme par conséquent a l'instinct, c'est-à-dire sent qu'il lui importe plus de ne pas avoir d'idées pénibles, que d'éprouver des jouissances quelconques. Il est clair qu'il importe même en général plus de ne pas avoir d'idées pénibles, que de ne pas avoir de sensations pénibles; parce que celles-ci sont rares, & que celles-là peuvent se réveiller à chaque instant.

Observons les hommes, & nous verrons que dans le fait ils sont aussi plus attachés à leur contentement moral qu'à leur contentement physique; c'est-à-dire que dans le fait (quoique des sensations pénibles permanentes puissent former un état plus insupportable que des idées permanentes pénibles) ils desirent généralement plus vivement le contentement que la ſanté ; parce que la douleur, la maladie étant des choſes plus rares que ne le ſont les mécontentements, les ſouvenirs fâcheux ; le deſir de ne pas avoir d'idées pénibles, c'eſt-à-dire d'être contents eſt un deſir qui par ſa fréquente répétition leur eſt devenu plus habituel. Si ces obſervations ſont vraies, il en réſulte néceſſairement que tout homme *veut* être content de lui-même, & *veut* par conſéquent ne pas avoir à ſe reprocher d'avoir agi d'une manière contraire à *ſa raiſon*. Je ne dis pas à *la Raiſon*, mais à *ſa raiſon*, à ſa manière de voir.

Il eſt impoſſible, ſoit qu'on écoute ſa raiſon, ſoit qu'on lui impoſe ſilence pour ſuivre un autre guide, qu'on agiſſe d'une manière contraire au *dictamen* de ſa raiſon, c'eſt-à-dire de la combinaiſon d'idées, ſage ou folle, dont on eſt pénétré au moment où l'on agit; à moins qu'on ne ſoit forcé d'agir par des cauſes extérieures : mais quand, après avoir agi en conformité de la combinaiſon quelconque qui a préſidé à notre détermination; notre raiſon habituelle, ou bien notre raiſon plus éclairée, c'eſt-à-dire une autre combinaiſon nous prouve que nous n'avons pas agi en conformité de ſes préceptes, nous éprouvons une peine qu'on nomme *repentir*; & il n'y a pas d'homme qui n'en ſoit plus ou moins ſuſceptible.

Il eſt donc clair que tout homme veut être content de lui-même. Et comment ſeroit-il poſſible que cela ne fût pas? Nous n'exiſtons que par nos idées. De quelque hypothèſe que l'on parte; que l'on ſuppoſe le principe qui penſe en nous, une ſubſtance diſtincte de notre corps; ou bien que l'on regarde la penſée comme une propriété de la Matière organiſée; ce n'eſt ni notre ame, c'eſt-à-dire la choſe qui penſe, ni notre corps qui conſtitue notre individu, ou du moins l'individu qui nous intéreſſe. Quand je dis *moi*, ce n'eſt ni de mon corps ni de la ſubſtance penſante que je parle, mais de la collection de mes idées. Quand nous deſirons de vivre dans ce monde & de durer après cette vie, nous ne pouvons le deſirer, pour peu que nous réfléchiſſions, qu'à condition que notre mémoire, c'eſt-à-dire la collection de nos idées ſe perpétue avec nous. Si ce n'eſt pas là dans le fait ce que nous deſirons; s'il nous importe ſeulement d'être ſurs que les parties élementaires qui compoſent notre Etre ne ſeront pas détruites, nous pouvons être ſurs de notre fait; elles ne le ſeront jamais : & ſi cette certitude ne nous ſuffit pas; ſi c'eſt la décompoſition qui nous fait tant de peine, je ne vois pas quel ſujet de conſolation nous trouvons à penſer que la partie de nous-mêmes, que l'on nomme Ame, ſubſiſtera après nous; du moment que la mémoire, le ſouvenir de notre exiſtence actuelle ne ſe perpétue pas avec elle. Quelle différence y a-t-il pour nous, (en ſuppoſant que notre mémoire ſoit détruite) de ſonger que cette ſubſtance qui penſe en nous, & qui n'eſt qu'une *table raſe*, une faculté abſolument morte tant qu'il n'y a pas d'idées dans la mémoire, ſubſiſtera & penſera encore après cette vie; ou de ſonger que les parties, qui compoſent notre Corps, ſubſiſteront éparſes, & animeront d'autres Etres penſants? Quelle différence y a-t-il pour nous de ſuppoſer, ou qu'une partie unique de nous-mêmes penſera, ou que toutes penſeront, ou qu'aucune ne penſera, du moment que ce n'eſt pas nous qui penſerons ?

Dès que notre mémoire eſt détruite ; que notre ame ſubſiſte ou non, que notre corps vive ou qu'il ne vive pas, *nous* ne vivons plus ; ce n'eſt plus *nous*, c'eſt *un autre*. Mais ſi ce ſont nos idées, ſi c'eſt la collection de nos idées qui conſtitue notre individu, nous ſommes donc, de quelque hypothèſe que l'on parte, un Etre-moral, comme une Forêt, un Troupeau, une Nation, & non ce que l'on nomme communément un Etre phyſique ; avec la différence très-remarquable cependant que nous nous appercevons de notre exiſtence, & que ces Etres-moraux-là ſont des Etres-imaginaires qui ne s'apperçoivent pas de la leur. Aucun de ces Etres-moraux ne produit (comme le dit parfaitement bien M. *Fréderic - Henri* DE JACOBI) une *unité*, qui ait le ſentiment de ſon Etre. (*k*) Or ſi c'eſt cette collection d'idées qui nous intéreſſe, il n'eſt pas étonnant que ces idées, c'eſt-à-dire la tournure de notre Eſprit, décident de toutes nos démarches; & il ſeroit auſſi étonnant & bien plus étonnant de trouver un homme qui ne deſirât pas pardeſſus toutes choſes d'être content de lui-même, c'eſt-à-dire de l'harmonie de ſes idées entre-elles, & de leur accord avec ſes actions; que de trouver un homme qui ne deſirât pas de ſe bien porter.

Ne confondons pas cependant les nuances preſqu'imperceptibles qui ſéparent ici la vérité de l'erreur.

(*k*) Ce M. de Jacobi, dont le Comte de Mirabeau ſe plait à dire tant de mal, eſt l'Auteur, entre autres excellents Ouvrages, d'un Ecrit (dont le titre eſt; *quelque choſe que* Lessing *a dit*) qui, tout petit qu'il eſt, contient plus d'idées profondes & lumineuſes, qu'un grand nombre de gros volumes dont d'imbécilles Journaliſtes font de pompeux éloges. M. de Jacobi a établi dans cet Ecrit, & par conſéquent avant moi, que les Loix doivent être *négatives*.

Quand je dis que le contentement moral eſt le deſir dominant de tout homme, je ne veux pas dire que ce deſir l'emporte toujours dans l'occaſion ſur tout autre deſir ou ſur tout autre ſentiment. Dans l'accès d'une douleur vive, dans l'agitation d'une violente affection de l'Ame, on conſentiroit de mourir pour faire ceſſer la ſouffrance. Mais ſeroit-il raiſonnable de dire d'un homme qu'il aime mieux ne pas vivre, que d'avoir la goutte ou la migraine pendant quelques heures, parce que l'on auroit vu cet homme deſirer très-ſérieuſement la mort dans ſes moments de ſouffrances? L'état de trouble n'eſt pas l'état ordinaire de l'homme: il n'y a pas d'homme qui ne ſoit plus ſouvent calme qu'il n'eſt agité. Or dès qu'un homme eſt dans ſon aſſiette naturelle, ſon deſir conſtant eſt d'être content: ainſi ce deſir, quoique foible, quoique d'une moindre intenſité en lui-même que les deſirs qui ſont produits par les paſſions, doit avoir par la nature des choſes plus de pouvoir ſur nous, c'eſt-à-dire ſur nos volontés, ſur notre conduite, que tout autre desir quel qu'il soit. Ce desir doit par la nature des choses se transformer en instinct & acquerir par conséquent la faculté d'opposer, même dans les cas de collision avec les sensations physiques, la force de l'habitude à leur intensité. Il en est des forces morales comme des forces physiques : une action constante, quoique foible, produit un effet plus sûr, que n'en produiroient des efforts plus puissants, mais n'agissant que de loin en loin. Une force constante non-interrompue, quelque foible qu'elle soit, avance toujours vers le but : une force plus grande mais interrompue peut se retrouver chaque fois au même point d'où elle est partie la première. (*l*)

(*l*) C'est une vérité incontestable. Ainsi ceux, qui disent que l'on gouverne les hommes bien plus surement (qu'on ne les gouverneroit par la force) en opposant à leurs volontés des obstacles continuels, en lassant leur patience ; en leur faisant éprouver (quelque chose qu'ils fassent d'ailleurs, tant qu'ils ne se rangent pas à notre avis) de constantes mortifications, du mépris quand ils méritent de l'estime, des humiliations quand ils croient pouvoir aspirer à notre ré-

Il ne faut pas confondre le desir de ne pas avoir à se faire des reproches, avec le desir d'être content de soi, c'est-à-dire de la collection de ses idées : celui-ci est le tout dont l'autre n'est qu'une partie : on peut ne pas avoir de reproches à se faire, & cependant avoir des idées pénibles.

---

connoissance ; ont raison. C'est la méthode, je n'en disconviens pas, la plus efficace pour parvenir au but que l'on se propose ; quand on ne pense qu'à soi, quand on sacrifie tout à ses vues personnelles ; il y a peu d'hommes qui tiennent contre ces moyens ; (quoiqu'il y en ait heureusement dont le moule est tel, qu'ils tiennent même bon contre les vexations) mais ces moyens sont de tous les moyens possibles les plus illégitimes, les plus destructeurs du bonheur, les plus corrupteurs & même les plus imprudents. Croyez-vous donc que les hommes n'ouvriront pas enfin les yeux ?

Il faut les gouverner par la Raison & par la *Foi*. Oui la *Foi*, c'est-à-dire la soumission aveugle aux Loix. J'ai développé dans mes Réflexions pratiques ce que j'entends par cette obéissance passive, & quelles sont les exceptions de la règle ; c'est-à-dire dans quels cas on n'a pas le *droit* d'obéir & dans quels cas on *peut* ne pas obéir. Ceux qui ne veulent pas entendre ce que j'ai dit à cet égard, & qui soutiennent que

Le desir de ne pas avoir d'idées pénibles (qui est le desir d'être content de soi) est le desir dominant de tout Etre intelligent : l'autre, le desir de ne pas avoir à se faire des reproches, lui est subordonné, non dans l'ordre de la perfection, (je ne parle pas de cet ordre à présent) mais dans l'ordre de la filiation des idées & des sentiments : il est engendré par lui ; mais l'un & l'autre de ces desirs sont des suites nécessaires de notre nature intelligente. Tout homme à le desir plus ou moins explicite de ne pas avoir à se faire des reproches, c'est-à-dire le desir de ne pas agir d'une manière contraire au but qu'il se propose en agissant. Cette définition de la conscience, dans

---

la justice naturelle doit servir de règle ; qu'elle seule est la mesure de l'obéissance ; embrouillent les idées par cette manière de s'énoncer au lieu de les éclaircir, soit parcequ'ils n'ont pas assez réfléchi, soit par mauvaise volonté. Si tout homme avoit des idées assez justesde l'obligation naturelle, pour pouvoir juger dans chaque cas s'il doit ou ne doit pas obéir à la Loi positive, nous n'aurions pas besoin de Loix positives.

le sens le plus étendu que l'on peut attacher à ce terme, ne trouvera pas, je crois, de contradiction.

Quand je dis que tout homme veut être content de lui-même & veut ne pas avoir à se faire des reproches, cela ne veut donc pas dire que tout homme veut être juste, ni que tout homme veut avoir de l'estime pour lui-même.

Tout homme n'a pas le desir d'être juste : tout homme n'a pas même le desir de s'estimer. Mais ces sentiments ne sont cependant que des développements du desir de ne pas avoir de reproches à se faire, & par conséquent du desir de ne pas avoir d'idées pénibles; desir qui est une conséquence nécessaire de notre sensibilité physique; car j'ai prouvé que c'est un plaisir physique de ne pas avoir d'idées pénibles. Or toutes les affections de notre ame, toutes nos vertus, tous les vices qui nous distinguent des autres animaux, ne dérivent que du desir de mériter notre propre estime ou du desir d'obtenir l'estime de nos semblables; ou du moins très-certainement du desir de ne pas

pas avoir de reproches à nous faire ; & ne sont par conséquent en dernière analyse que des effets du desir d'être contents de nous-mêmes, c'est-à-dire du desir de ne pas avoir d'idées pénibles : ainsi le germe de toutes nos passions, de toutes nos affections, de toutes nos vertus, est physique : mais les motifs qui déterminent notre volonté, étant toujours des résultats de combinaisons, les causes qui *nous* font agir sont toujours morales.

Le desir d'être content de soi guide la raison de chaque homme; mais ce desir est implicite : peu d'hommes s'en rendent un compte net; & ce desir est un desir abstrait qui peut prendre une multitude indéfinie de formes; car il n'y a rien, pour ainsi dire, que notre esprit ne puisse transformer en plaisir ou en peine. Ainsi, tandis qu'une certaine classe d'hommes fait consister son contentement dans des choses qui n'ont aucun rapport avec les sens, une autre classe, & c'est la plus nombreuse, le fait consister dans la satisfaction des plaisirs des sens; & quand les hommes de cette dernière classe recherchent le plaisir sans y être poussés par le besoin soit réel, soit factice, on peut dire que ce n'est pas moins le moral, le desir d'être contents d'eux-mêmes, de ne pas avoir d'idées pénibles qui les guide, que quand ceux de l'autre classe recherchent des choses qui n'ont aucun rapport avec les sens.

Je ferai voir dans le paragraphe suivant comment le desir de mériter notre estime & celui d'obtenir l'estime de nos semblables naissent du desir d'être contents de nous-mêmes : mais il faut que j'explique encore auparavant dans ce paragraphe-ci comment le desir d'être content de soi rend raison de plusieurs phénomènes, dont on ne concevra jamais que très-imparfaitement la possibilité, tant que l'on croira que c'est *l'intérêt* ou *l'amour-propre* qui est le premier mobile de nos actions.

Comment se persuadera-t'on que l'amour-propre ou l'intérêt fassent faire les efforts dont nous voyons que la Nature-humaine est capable ? Dira-t'on que les actes de la vertu la plus pure, le renoncement total à tout ce que nous avons de plus cher, le sacrifice de la vie, de la part même de ceux qui n'efpèrent pas une autre exiftence après celle-ci, foient des effets de l'intérêt ou de l'amour propre? Auffi quelques Philofophes, qui ont voulu ramener toutes les paffions, toutes les affections de l'ame à l'intérêt, ont-ils mieux aimé nier la poffibilité de ces faits, prefcrire des limites à l'énergie de notre ame, foutenir qu'il n'y avoit tout au plus que des enthoufiaftes, des foux, qui fuffent capables d'un tel dévouement foit à la Vertu, foit à la Religion, foit à la Gloire, foit à l'Amour; que de renoncer à leurs principes: tandis que d'autres Philofophes, (qui n'ont pas pu fe réfoudre à difputer à l'homme cette force, cette élévation dont l'hiftoire des anciennes Républiques & plus encore peut-être celle de la Chevalerie nous fourniffent tant d'exemples) ont fuppofé qu'il y avoit en nous un fens, un inftinct-moral. Mais fi cet inftinct-moral, cet amour inné pour la vertu exiftoit de la manière qu'ils l'entendoient, comment pourroit-il jamais être détruit? Comment s'égareroit-il fi fouvent? L'erreur a fes martyrs; le vice même en a.

Si cet amour inné pour la vertu exiftoit, il faudroit qu'il agît fur le grand nombre des hommes. Or le grand nombre dans toutes les claffes de la Société n'eft affurément pas guidé par des motifs bien relevés : l'expérience contredit par conféquent cette opinion; tandis que le principe, que j'ai développé dans cet Ecrit, ne refte en défaut dans aucun cas poffible. Je ne dis pas pour cela qu'il n'exifte pas d'inftinct-moral : cet inftinct exifte, mais il n'eft lui-même qu'une conféquence du defir d'être contents de nous-mêmes, combiné avec d'autres idées, ou d'autres fentiments. J'aurai occafion d'approfondir cette matière.

Le principe que j'ai développé ne refte en défaut dans aucun cas. En effet, fi l'on réfléchit 1°. que c'eft la collection de nos idées, & peut-être à la rigueur la collection feulement des idées qui nous font les plus familières, qui conftitue notre Etre-moral; 2°. que nous ne fouffrons & ne jouiffons que par notre intelligence, par la *perception* de ce qui fe paffe, foit au dedans de nous-mêmes, foit dans les différentes parties de notre corps; en un mot que c'est notre ame & non notre corps qui sent; (vérité qui est reconnue depuis long-temps, mais à laquelle je me flatte que je donnerai peut-être dans la seconde Partie de cet Ecrit un nouveau dégré d'évidence) 3°. que nous ne sommes contents que par la manière dont nos idées se combinent dans notre mémoire; que ce n'est par conséquent 4°. qu'à la combinaison de nos idées que, par notre nature d'Etres intelligents, nous sommes & pouvons être attachés, & que l'attachement que nous avons pour notre corps n'est qu'un attachement subordonné à celui-là; si l'on considère en même temps 5°. de combien de manières nos idées peuvent se combiner, on concevra que dans le nombre de ces combinaisons il doit nécessairement y en avoir qui portent celui qui les éprouve à tout sacrifier, & même s'il le faut son existence, plutôt que de se résigner à une chose pour laquelle la tournure de son esprit lui inspire une extrême aversion, plutôt que de renoncer à une chose que la combinaison de ses idées lui représente comme le plus grand des biens pour lui; mais on concevra en même temps que des combinaisons, qui produisent cet effet, doivent par la nature des choses être extrêmement rares.

Les très-grands caractères & même les très-grandes passions sont des phénomènes rares par la même raison par laquelle il est rare de tirer un Terne ou un Quaderne de la Lotterie; d'amener Sonnez un certain nombre de fois de suite en jouant au Trictrac.

Si le contentement (comme je l'ai dit assez souvent dans cet Ecrit) réside dans l'absence de peines, le contentement est le produit d'une multitude de sentiments & d'idées; & par conséquent le desir d'être contents de nous-mêmes, c'est-à-dire le desir de ne pas avoir d'idées pénibles, est un desir composé d'une multitude de desirs particuliers que l'on peut nommer positifs ou négatifs selon le point de vue que l'on choisira : or il est aussi peu probable, ou, pour parler plus exactement, il est aussi rare que toute cette collection de desirs tende à un même but & produiſe un deſir unique ou du moins dominant ſur tous les autres, qu'il eſt rare que les mouvements que je donne à mon cornet, en jouant au Trictrac, produiſent un grand nombre de fois de ſuite le même *jet*.

Cependant pour qu'un grand caractère ſe forme, & même pour qu'une grande paſſion s'allume en nous, il faut que tous nos deſirs ou un grand nombre de nos deſirs ſoient concentrés en un ſeul point: il faut que toute l'activité de notre ame ſe porte vers un ſeul objet. Or cela ſuppoſe, ou bien une uniformité rare dans les ſenſations, ou bien une ſuite de réflexions, une continuité d'attention au même objet, dont peu d'hommes ſont capables. Leur eſprit eſt trop diſtrait, leur ame trop partagée par une multitude d'affections diverſes, pour qu'une ſeule puiſſe parvenir aiſément au gouvernement abſolu.

Je diſtingue les grandes paſſions des grands caractères : car, quoiqu'il y ait entre ces deux choſes des points de contact, il ne faut pas les confondre. Elles diffèrent essentiellement par la manière dont elles se développent & surtout par celle dont elles sont engendrées. Les caractères ont leur racine dans la volonté : les passions ont la leur dans le sentiment. Une passion suppose toujours une sorte de confusion, un grand caractère, au contraire, de la clarté dans les idées. Néanmoins dans la réalité ces deux causes se confondent toujours plus ou moins.

Il est rare, même dans la spéculation, c'est-à-dire dans le calme de la réflexion, que nous préférions un objet souverainement à tous les autres; rare de trouver un homme qui ne forme, quand il rentre en lui-même, qu'un seul vœu bien prononcé. Cela est si vrai que la plupart des hommes ne savent pas du tout ce qu'ils veulent. Une complication d'impulsions diverses a formé les habitudes qui les entraînent : leurs desirs sont vagues & contradictoires : leurs actions sont de constantes inconséquences. Rien n'est plus rare, même parmi les personnes qui pensent, que d'en trouver qui se rendent un compte net des motifs qui les déterminent.

Il eſt donc rare de trouver un homme dont l'eſprit ne ſoit occupé que d'un ſeul objet, d'un deſir dominant. Or, pour produire un grand caractère, il ne ſuffit pas encore qu'une idée domine ſur notre eſprit, il faut qu'elle s'empare de notre ame. Ce n'eſt pas l'eſprit; c'eſt l'ame, ou pour mieux dire la ſoumiſſion de l'ame aux ordres de l'eſprit, qui fait les grands caractères.

Tant que l'ame & l'eſprit ne feront pas d'accord; tant (en termes de l'Ecole) que l'homme ſupérieur & l'homme inférieur feront en contradiction, nous pourrons avoir de grandes velléités, mais nous n'aurons que de petites volontés : nous ſerons des Etres foibles & malheureux.

Pour être un grand homme, il faut que la Raiſon, quelle qu'elle ſoit, c'eſt-à-dire la partie calme de nous-mêmes, gouverne en maîtreſſe abſolue : pour être un homme heureux, il n'en eſt pas toujours de même : il faut que la Raiſon gouverne en maîtreſſe abſolue; ou qu'elle ſe taiſe, qu'elle abandonne de bonne-grace les rênes du gouvernement à l'inſtinct.

Si notre raiſon étoit toujours droite, toujours d'accord avec elle-même, le bonheur & la force du caractère marcheroient toujours de front : mais notre raiſon eſt ſujette à l'erreur; la raiſon de la plupart des hommes, c'eſt-à-dire la collection de leurs idées, n'eſt qu'un aſſemblage d'opinions vagues & contradictoires. Ainſi le bonheur & la force du caractère ne marchent pas toujours de front. Plus nous avons de deſirs, ou pour mieux dire, plus l'activité de notre ame eſt partagée en affections peu vives, moins nous avons de peines; mais auſſi moins nous avons de caractère. Moins au contraire notre ame eſt partagée, plus nos deſirs ſont vifs, & plus par conſéquent nous avons de caractère : mais auſſi plus nous ſommes malheureux, ſi ces deſirs ſont en contradiction entre-eux, ou ſi nous n'avons pas la faculté de les ſatisfaire.

Il faut, ai-je dit, pour qu'un grand caractère exiſte, que l'ame obéiſſe aux ordres de l'eſprit, en d'autres termes, que la Raiſon ſache vaincre les habitudes, & réſiſter aux plaiſirs & aux peines vives;

cela veut dire que l'intenſité du deſir d'être content de ſoi dans la ſpéculation, doit l'emporter, dans les cas de colliſion, ſur l'intenſité du mouvement imprimé à nos organes par les objets extérieurs & ſur l'intenſité des ſenſations actuelles; car j'ai dit (voyez § III.) que nous agiſſons de trois manières : par impulſion, par une continuation du mouvement imprimé à nos organes & par choix. Pour peu qu'il entre de choix dans la combinaiſon qui nous fait agir; c'eſt-à-dire pour peu que notre volonté ſe manifeſte, nous n'agiſſons jamais que pour être contents, c'eſt-à-dire pour fuir la peine; mais le deſir d'être contents n'eſt pas toujours le même en nous : c'eſt un deſir vague qui, même dans les moments de calme, prend tantôt une forme, tantôt une autre; à plus forte raiſon quand notre eſprit eſt agité, quand nos ſens ſont affectés. Pour être contents de nous-mêmes dans les moments de calme, il faut que nous ſachions agir de manière dans les moments de trouble, que nous n'ayons pas de reproches à nous faire quand, après que le calme eſt revenu, nous nous trouvons seuls vis-à-vis de nous-mêmes : or, pour que le desir d'être content de soi dans le calme de la réflexion soit le maître dans les moments d'agitation, il faut que l'impression physique que ce desir, ou plutôt l'objet sur lequel il porte, a faite sur nous, soit plus forte que l'impression que peuvent faire sur nous les objets extérieurs.

J'expliquerai d'une manière plus précise dans la seconde Partie comment le desir d'être contents de nous-mêmes, de ne pas avoir de reproches à nous faire dans le calme de la réflexion; en d'autres termes, comment la *Raison* peut acquérir en nous ce dégré d'intensité. Je remarquerai seulement ici que ce desir ne peut pas avoir d'intensité tant qu'il est vague; tant qu'il n'appuie sur aucun objet déterminé; qu'il est le produit d'une multitude de desirs ou foibles ou contradictoires entre-eux. Il n'est donc pas étonnant que les grands caractères soient fort-rares.

Je crois avoir prouvé que le desir d'être contents de nous-mêmes, qui renferme en soi le desir de ne pas avoir de reproches à nous faire, eſt le deſir dominant de tout homme : tout homme veut agir en conformité de ce que *ſa Raiſon* lui preſcrit.

Cela eſt vrai depuis l'homme le plus brute juſqu'à celui dont l'intelligence eſt la plus perfectionnée.

Chaque homme veut être content de ſoi; mais le contentement de tous les hommes n'appuie pas ſur la même baſe. Plus l'état de l'homme ſe rapproche de celui des Bêtes, & plus le contentement moral ſe confond en lui avec le contentement phyſique. Les Bêtes obéiſſent aveuglément à l'inſtinct : & ſi cet état n'eſt pas fort heureux, il n'eſt du moins pas malheureux. Plus au contraire l'homme réfléchit, s'occupe, prévoit; & plus il y a de divergence entre le contentement phyſique & le contentement moral. Du moment que cette divergence exiſte, l'état de guerre commence, & la paix ne rentre dans ſon ame, que quand ſa Raiſon ſe réſigne à plier ſous le joug de l'inſtinct, ou qu'elle a la force de ſe l'aſſujettir.

Ainſi, ſoit dit en paſſant, les demi-lumières sont le plus funeste présent que l'on puisse faire aux hommes : il faut aux hommes des règles fixes ; des principes invariables, auxquels ils puissent s'attacher fortement. C'est le moyen de leur donner un caractère solide que la raison naturelle, abandonnée à elle-même, leur donnera rarement.

Si le desir de ne pas avoir de reproches à se faire est le desir de tout homme, & si c'est un desir vague ; le grand art de gouverner les hommes & de les rendre heureux est de fixer ce desir.

C'est là, qu'on me permette l'expression, le Mercure qu'il faut fixer : c'est là la vraie Pierre-philosophale.

Si ceux, qui prétendent que l'intérêt ou l'amour-propre est le moteur de l'Univers intelligent, me disoient que je me sers d'autres termes qu'eux, mais que dans le fond mon opinion ne diffère pas de la leur ; puisque ce desir d'être content de soi, d'agir en conformité de ce que la Raison, c'est-à-dire la combinaison quelconque de nos idées nous prescrit, n'est jamais que l'intérêt que notre Nature-intelligente prend à elle-même, l'amour qu'elle a pour ſoi; je leur répondrois que s'ils nomment intérêt ou amour-propre, ce que je nomme deſir d'être content de ſoi, nous ſommes ſans doute dans le fond du même avis, mais ils me permettront cependant de leur repréſenter que leur manière de s'exprimer n'eſt donc pas exacte. Dire d'un homme, que la vertu la plus pure fait agir, qu'il eſt guidé par l'intérêt ou par l'amour-propre, n'eſt pas un moyen de ſe faire entendre.

§ V.

L'Amour-propre & l'intérêt, dans le ſens dans lequel on prend ces termes communément, loin d'être les ſeuls reſſorts du cœur humain, ne ſont eux-mêmes que des effets du deſir d'être content de ſoi. Suppoſons que l'amour-propre ou l'intérêt fuſſent les ſeules cauſes de toutes les grandes actions, je demande comment expliquera-t'on cet amour-propre ou cet intérêt lui-même? Comment expliquera-t'on, par exemple, ce genre d'amour-propre qui porte un homme à ſacrifier toute ſon exiſtence à sa célébrité; c'est-à-dire à une chose dont il ne lui revient aucun avantage personnel ? Cependant de tels sacrifices à la célébrité ne sont pas extraordinairement rares.

J'en dis autant de l'ardeur avec laquelle on poursuit les richesses & le pouvoir. Comment expliquera-t'on cette ardeur? Les richesses & le pouvoir rendent-ils nécessairement heureux celui qui les possède? Lui donnent-ils du plaisir par eux-mêmes? Non. Ceux qui les recherchent ont-ils toujours une idée bien nette des jouissances que ces richesses & ce pouvoir leur procureront? Peut-on supposer qu'ils aient toujours cette idée présente à l'esprit, quand le desir du pouvoir & des richesses les affecte le plus vivement? Non. On peut donc desirer les richesses & le pouvoir pour eux-mêmes : on peut desirer la célébrité pour elle-même, c'est-à-dire uniquement parce qu'une combinaison quelconque de nos idées nous a persuadé que ces choses sont desirables.

On peut donc aimer une chose pour elle-même : l'instinct ne nous laisse pas de doutes

doutes à cet égard. Il n'y a pas d'homme du Peuple, qui, dès qu'il s'apperçoit qu'un acte de vertu, de bienfaisance a, comme disent les Italiens, un second but (*secondo fine*) ne perde tout-de-suite l'estime qu'il avoit conçue pour cet acte. L'instinct nous dit donc que l'on peut aimer la vertu pour elle-même; des Philosophes disent que non: voyons si ce sont eux, ou si c'est l'instinct qui nous séduit.

Commençons d'abord par attacher un sens précis à cette expression, *aimer une chose pour elle-même*. Qu'est-ce que cela veut dire? Il me paroît que dans le sens ordinaire cela veut dire ne pas aimer une chose pour une autre chose quelconque. On aime les sensations agréables pour elles-mêmes : on hait la douleur pour elle-même. Il est bien plus ordinaire d'aimer une chose pour elle-même que de l'aimer par rapport à ses conséquences : l'un est un effet de l'instinct, l'autre suppose de la réflexion. Mais quelque réfléchies que soient nos actions, il faut bien qu'il y ait un terme à la chaîne de nos desirs. Quand on est amoureux d'une jolie femme, on aime cette jolie femme pour elle-même, ou du moins on aime le plaisir qu'elle nous donne pour lui-même. La recherche-t-on pour faire croire au Public qu'on en est bien traité; alors on ne l'aime pas pour elle-même : on l'aime par vanité : mais, à moins que cette vanité n'ait un second but, c'est donc la vanité qu'on aime pour elle-même. L'amour & la vanité agissent-ils de concert; alors c'est donc le résultat de cette combinaison qu'on aime pour lui-même.

Quand on aime la célébrité jusqu'à lui sacrifier la vie, je voudrois bien qu'on me dît par rapport à quoi on aime cette célébrité, si ce n'est par rapport à elle-même. Sans doute c'est pour être content de soi qu'on se dévoue : c'est, ou pour ne pas être tourmenté de la peine d'avoir agi d'une manière contraire au *dictamen* de sa raison, & par conséquent par réflexion, ou parce qu'on est poussé à l'action par l'intensité du desir sans qu'on ait le temps de réfléchir; mais dans l'un & l'autre cas est-ce pour soi que l'on agit quand on en agit ainsi? Peut-on dire que ce soit par amour-propre ? Faire une chose pour soi, & faire une chose pour être content de soi, sont deux choses différentes.

Tant que l'on peut présumer d'un homme, qui fait de grands sacrifices, un retour quelconque secret sur lui-même ; on peut supposer, sur-tout quand il fait ces sacrifices à un autre individu, que c'est pour soi-même qu'il agit, & non parce qu'il aime cet individu plus qu'il ne s'aime lui-même : car ce sentiment de renoncement parfait à soi-même est non-seulement rare, il n'est pas même raisonnable, quand il ne s'agit que d'un autre individu. Mais, quoique rare, ce sentiment n'est pas impossible : si l'on peut préférer une chose quelconque à sa propre existence, on peut se préférer un autre individu.

On n'agit pas toujours par réflexion. Même dans le plus grand calme de la réflexion on ne prend pas toujours le parti le plus sage : mais on ne peut pas être accusé pour cela de folie ; d'ailleurs il n'y auroit que des foux dans le monde. Tant que l'on peut présumer un retour secret sur nous-mêmes, on peut dire que c'est pour nous que nous agiſſons : mais quand nous renonçons à notre propre exiſtence; quand nous conſentons à la deſtruction de la collection des idées qui forme notre Etre intelligent, on ne peut plus dire que c'eſt *pour nous* que nous agiſſons : nous *nous* préférons alors évidemment un autre objet.

Nous pouvons être portés à en agir ainſi, ou par notre volonté plus ou moins réfléchie, ou par un mouvement involontaire : car tout deſir peut acquérir en nous un tel dégré d'intenſité, qu'il nous emporte malgré nous. Dans ce cas ce n'eſt pas *nous* qui agiſſons : la machine agit ſeule : mais l'Etre, dont la machine en agiroit ainſi, n'en ſeroit pas moins admirable : il n'eſt donné qu'aux grandes ames d'avoir de tels mouvements. Malheur aux ames de boue toujours ſi portées à les déprimer ; à regarder comme des ſignes de folie, tout ce qui s'écarte des petites règles que leur preſcrit leur vil intérêt !

Quand nous en agiſſons ainſi volontairement, notre volonté peut être plus ou moins réfléchie ; &, quelque réfléchie qu'elle soit, elle peut encore nous égarer, c'est-à-dire nous faire prendre un parti que nous ne prendrions pas, si nous avions des idées plus nettes de nos obligations. Mais, soit que notre volonté nous égare, soit qu'elle ne nous égare pas, ce n'est pas *pour nous* que nous agissons. Ce n'est pas pour *nous*, c'est pour être *contents de nous*. Ce n'est pas pour *jouir*, c'est pour ne pas *souffrir*. C'est parce que le desir, de ne pas avoir à se faire des reproches, est le desir dominant de tout homme ; parce que ce desir, (en d'autres termes) le desir d'agir en conformité de ce que notre raison nous prescrit, est, quand cette raison parle d'une manière positive & nette, un desir invincible.

Agir ainsi n'est pas agir par amour-propre ou par intérêt. Est-ce agir d'une volonté libre? C'est une autre question, que je tâcherai de développer dans toute son étendue dans la seconde partie.

L'erreur de ceux, qui pensent que l'on ne peut agir que par intérêt ou par amour-propre, vient de ce qu'ils se font perſuadé que le dernier but de nos deſirs ne ſauroit être que la ſatisfaction de nos ſens.

S'il avoient réflechi que nous ne ſommes tout ce que nous ſommes que par nos idées; que les différentes combinaiſons de nos idées produiſent, non ſeulement des ſentiments & des deſirs différents, mais par la même raiſon une différence indéfinie dans la gradation des deſirs dont nos eſprits & nos ames ſont affectés; que tel deſir, qui, dans une telle combinaiſon, occupe le premier rang, peut ſe trouver à la dernière place dans une autre combinaiſon; ils euſſent ſenti que, ſi le deſir d'être content de ſoi, qui eſt le deſir dominant de tout homme, & qui peut prendre toutes les formes, n'eſt en effet chez un grand nombre d'hommes que le deſir de travailler à leur propre ſatisfaction, de préférer leur individu à tout l'univers; ce même deſir d'être content de ſoi, peut devenir dans d'autres eſprits, le deſir d'obtenir l'eſtime de leurs ſemblables, & dans d'autres, le deſir d'être juſtes, le ſublime deſir de préférer dans toutes les occasions leur devoir à toute autre chose & même à leur existence.

Ils eussent senti que, puisqu'il suffit qu'une chose nous paroisse desirable pour que nous la desirions, on peut non-seulement desirer la célébrité pour elle-même, uniquement parce que l'idée qu'elle est desirable nous a frappés; de même & à plus forte raison aimer Dieu pour lui-même, parce que l'idée qu'il est beau d'aimer Dieu pour lui-même nous a frappés; aimer la vertu pour elle-même & desirer de la pratiquer constamment, uniquement parce qu'une combinaison quelconque de nos idées nous a ou persuadés ou convaincus qu'il est beau de la pratiquer pour elle-même : mais ils eussent senti aussi que différentes combinaisons peuvent produire ces mêmes résultats, ainsi, des routes différentes, l'erreur & la vérité nous conduire au même but; ils eussent par conséquent senti qu'il peut y avoir des Matérialistes & des Athées vertueux. (*m*)

(*m*) Voyez ce que j'ai dit à cet égard *Betrachtungen* Chap. I & chap. V. Aimer Dieu pour lui-même, ou

En effet, si l'on peut aimer la célébrité pour elle-même ; sacrifier son existence pour faire parler de soi, c'est-à-dire dans le fait pour une chimère ; pourquoi ne pourroit-on pas aimer & pratiquer la vertu pour elle-même ; surtout si l'on peut prouver, & je le prouverai, qu'elle est une réalité ?

Ils eussent senti que, si celui-là seul doit être censé vertueux aux yeux des hommes, qui pratique la vertu, quels que soient les motifs secrets qui le font agir ; celui-là seul est vertueux dans son ame,

---

aimer la Vertu pour elle-même, c'est absolument la même chose : l'un de ces motifs est aussi pur que l'autre : si l'un est possible, l'autre l'est également.

Mais il ne suffit pas d'aimer la vertu : il faut la connoître pour la pratiquer. De même, quelque pénétrés que nous puissions être de l'amour de Dieu, si nous ignorons ce qu'il faut faire pour plaire à cet Etre suprême, nous ne serons pas vertueux. La chose la plus importante pour nous est donc d'avoir des idées nettes de nos obligations. (Voyez *Objections aux Sociétés Secrètes* depuis page 17 jusqu'à 23.) Le Lecteur jugera si j'ai prouvé à-présent ce que je m'étois engagé par ces *Objections* (page 23) à prouver dans cet Ecrit-ci.

qui la pratique pour elle-même ; & que, de même que les actions sont jugées belles, nobles, grandes, en raison du dégré de désintéressement qu'elles annoncent ; de même les motifs qui nous guident doivent être jugés plus ou moins purs, grands, sublimes, en raison du plus ou moins parfait détâchement de notre Etre physique & moral qu'ils manifestent ; & que le plus haut dégré de perfection auquel l'ame humaine puisse atteindre, est d'aimer la vertu pour elle-même. Ils eussent senti par conséquent que cet instinct ne nous trompe pas, qui, en nous portant à refuser notre estime à une action dont le motif nous semble impur, nous indique qu'il est possible d'aimer la vertu pour elle-même. (*n*)

(*n*) Gardons-nous cependant d'aller au-délà du vrai : c'est un genre d'erreur dans lequel on tombe aisément.

Après avoir prouvé que la vertu la plus pure peut guider les hommes, qu'elle est un motif naturel à l'homme, n'éxigeons pas trop des hommes. Sachons apprécier les motifs ; ne les confondons pas avec la vertu elle-même, & ne déprimons pas des motifs

Ce que j'ai dit jusqu'à présent suffit pour prouver que le desir de mériter notre estime & celle de nos semblables, doit par la nature de notre esprit, avoir un grand

---

qui, sans être les plus purs, n'en sont pas moins des motifs fort-nobles.

Pour être un homme vertueux dans toute la rigueur du terme, il faut le concours de deux choses ; pratique de la vertu & pureté du motif : mais la pureté du motif n'est pas toujours également nécessaire ; elle ne peut pas toujours être exigée.

Pour éclaircir nos idées à cet égard, commençons par attacher un sens précis au terme *Vertu*.

Ce terme a, quand on l'applique aux actions, un autre sens que quand on veut exprimer par lui la disposition constante de la volonté d'un homme.

Une action, à laquelle nous sommes obligés soit parfaitement soit imparfaitement, n'est pas une action vertueuse à moins qu'elle ne suppose un grand effort. La vertu commence où l'obligation finit.

Il n'en est pas de même de la disposition de l'esprit. On peut & on doit nommer vertu, la volonté constante d'un homme de ne pas manquer à ses obligations parfaites ; c'est-à-dire la volonté constante d'être juste, de ne pas léser les droits d'un tiers. Dans ce sens la vertu elle-même, c'est-à-dire cette disposition de notre volonté est un devoir ; & il ne faut pas ordinairement de grands efforts pour la pratiquer.

Notre penchant naturel à l'inaction, notre répugnance naturelle à attaquer en quelque genre que ce

pouvoir sur nous, du moment que ces sentiments éxistent en nous : mais d'où nous viennent ces sentiments ? Comment sont-ils produits ?

---

soit, nous retiennent. En général il faut moins d'efforts pour empêcher un mouvement que pour en produire un. Ainsi tout homme, à qui il faut d'autres motifs que le seul amour de son devoir pour ne pas manquer à une obligation parfaite, est un homme peu estimable. Il peut être un homme d'honneur, si la crainte de perdre l'estime de ses semblables le retient, mais il ne sera pas un homme de probité. Il n'en est pas ainsi quand il s'agit d'obligations imparfaites : moins encore quand il est question d'actions utiles à nos semblables, auxquelles nous ne sommes point obligés : un homme n'est pas mésestimable parcequ'il lui faut, pour le déterminer à faire des sacrifices, d'autres motifs que le seul amour de la vertu.

Plus les sacrifices sont grands ; ou bien, moins il y a d'obligation, moins on doit prétendre d'un homme qu'il agisse par pure vertu.

Il est clair que, dans les occasions où nos actions elles-mêmes ne sont pas d'obligation, il est beau, mais il n'est pas d'obligation d'agir par pur amour de la vertu ; & que dans les occasions au contraire, où nos actions sont d'obligation, la pureté du motif est également d'obligation.

Cependant, quand il s'agit de la constante volonté d'un homme, le point de vue change : un homme, qui, guidé par le seul amour de la justice, a la constante

De ce que l'absence de peines est u
état agréable, il s'ensuit que toute idé
peut devenir pour nous un sujet de pla
sir ou de peine : mais d'où vient que c'e

---

volonté de ne jamais s'écarter de son devoir, est u
homme vraiment vertueux. Il l'est même plus que ce
lui qui se sentiroit capable de grandes actions, mai
non de ce ferme & inviolable attachement à son de
voir : sa vertu est plus sûre : il mérite plus d'estim
dans le fond de notre cœur : néanmoins il n'a pa
le droit d'éxiger de l'estime ; car, dès qu'il l'éxige
roit, il ne la mériteroit plus : tandis que celui, qu
fait plus qu'il ne doit, peut l'éxiger sans cesser de l
mériter.

Il en est de la vertu comme du contentement. De même que celui-ci ne réside pas dans les plaisirs vifs, la vertu vraiment utile ne consiste pas dans les actions d'éclat, dans les œuvres de surérogation ; mais dans le constant amour de la justice.

Ecoutons la Nature : elle exige peu. *Voyez* Chap. V. *Betrachtungen.* Si chaque homme remplissoit ses obligations, la vertu (si l'on entend par là, non la constante volonté de ne jamais léser les droits d'un tiers, mais cette disposition généreuse & digne d'éloge qui nous porte à faire plus que nous ne devons) ne seroit pas nécessaire. Ainsi le grand art de la Législation, le grand but de la Morale n'est pas de former des héros, mais d'amener les choses au point que nous puissions nous en passer.

un plaisir pour nous d'être estimés? D'ou vient, diroit *Helvétius*, que nous nous estimons pour des actions qui ne nous procurent aucun avantage?

Cette vertu pure, qui porte à de grands sacrifices, est trop rare quand elle est froide, pour que les loix puissent compter sur elle : or dès qu'elle n'est pas froide, quelque admirable qu'elle soit, elle est dangereuse.

A présent que ces idées sont éclaircies, il est facile de juger du dégré de valeur qu'ont les motifs qui nous font agir.

Pour peu que nous réfléchissions, nous verrons d'abord que les motifs par eux-mêmes, quelque nobles qu'ils soient, ne nous méritent aucune estime, du moment qu'ils ne produisent pas, ou bien ce constant attâchement à nos devoirs dans la pratique, ou des actions utiles à nos semblables, bien-entendu utiles sans léser les droits d'un tiers.

En effet, supposons un homme guidé par le desir de mériter sa propre estime ; (c'est assurément un bien beau motif) mais si cet homme s'estime pour des choses qui ne sont pas estimables ; si ce motif l'éloigne de son devoir, s'il s'est fait une idée fausse de la vertu, c'est un homme dangereux.

Supposons-en un autre qui ne soit animé que du desir d'obtenir l'estime de ses semblables, ou du desir de la célébrité ; (desir qui n'est qu'une nuance fortement prononcée du desir de l'estime publique) s'il cherche la célébrité par des moyens qui ne la lui don-

Ce que j'ai dit jusqu'à présent suf pour répondre à la seconde & à la tro sième question qui se trouvent renfermé dans mon Probleme; mais il faut enco

---

neront jamais, c'est un homme ridicule. S'il la che che par des moyens propres à y parvenir, mais co traires à ses obligations, nuisibles au Genre-humain c'est un homme odieux & dangereux, dont il est uti de démasquer les vues malfaisantes.

Si, sans employer précisément des moyens nuis bles, le desir de la célébrité n'en est pas moins te lement le ressort principal qui le fait agir, qu'il fero également, s'il en avoit l'occasion, & le bien & l mal, pourvu qu'il parvînt à son but; c'est un homm qui certainement ne mérite aucune estime.

Mais si le desir de la célébrité a pour base dan son cœur celui de la *mériter*; ou du moins s'il n la cherche pas par des moyens illégitimes; s'il n'en est pas tellement maîtrisé qu'on pourroit supposer de lui qu'il lui sacrifiât son devoir, c'est un homme estimable.

Prétendre qu'un homme agisse par pur amour de la vertu, de manière que le desir d'être estimé de ses semblables ne soit pas même en lui un motif secondaire, est une extravagance.

La combinaison qui peut porter un homme à n'agir. (même dans les occasions où il n'est pas obligé d'agir) que par pur amour de la vertu; à faire à la vertu les plus grands sacrifices, est possible dans la spéculation : je crois l'avoir prouvé : mais dans la pratique

quelques observations de plus pour répondre à la première question qu'il contient : & comme ces deux questions sont en quelque sorte dépendantes de la première, el-

---

il est aussi impossible que ce seul motif détermine un homme dans tous les cas, qu'il est impossible qu'en jouant à *Croix* & *Pile*, on amène *Pile* mille fois de suite.

Prétendre qu'un homme, fait pour aspirer à la célébrité, y renonce par esprit d'humilité, est une injustice & une absurdité. S'il le falloit pour le bien public, ou pour ne pas manquer à son devoir quel qu'il soit, un homme vertueux s'y détermineroit sans doute : mais nul homme, même le plus vertueux ne s'y résignera, ou du moins ne s'y croira obligé pour faire plaisir à quelques personnes ou à un individu, cet individu fût-il un Monarque. Les Souverains trouveront beaucoup de personnes qui leur diront qu'elles leur sacrifient leur célébrité : mais ceux qui se vantent de leurs sacrifices, sacrifient ordinairement peu de chose.

Le desir de mériter la célébrité, le desir de mériter l'estime publique sont des motifs respectables. Le Sage cependant doit chercher par rapport à lui-même à ne pas en être maîtrisé : d'ailleurs il éprouvera plus de peine que de plaisir, sur-tout s'il est Ecrivain ou s'il occupe une grande place & s'il tient vivement à l'estime de ses contemporains. Le public est un excellent juge dans les occasions où il n'est pas nécessaire d'approfondir pour juger ; c'est dans ce sens que j'ai dit dans

les ne seront résolues parfaitement qu
quand j'aurai résolu celle-ci. Cependant j
commencerai par répondre aux deux au
tres. „ D'o

---

mes *Réflexions pratiques* § 1, page 81, que l'opinio publique seroit, si les loix fondamentales étoient clai res, si chacun savoit exactement ce qu'elles proscri vent à ceux qui gouvernent, un pouvoir intermédiai plus efficace que ne le seroient des Parlements ; mai dès que la discussion est nécessaire, ce n'est plus l même chose : alors c'est à la postérité qu'il faut en ap peller.

Le Public est certainement le Juge le plus équitabl quand il est livré à lui-même : mais de notre vivan il ne nous juge pas toujours par lui-même. Les intri gants & les fauteurs du despotisme, qui connoissent très-bien le pouvoir que le desir de l'estime public a sur les belles ames, ne négligent aucun moyen pour la faire obtenir à leurs favoris, à ceux qui travaillent pour eux ; & pour la ravir à ceux qui ne sont pas de leur parti, & sur-tout à ceux qui travaillent contre eux. Les Intrigants & les Despotes desireroient qu'il n'y eut pas d'autre gloire, pas d'autre considération dans le monde, que celles dont il sont les dispensa-sateurs ; &, maîtres comme ils le sont souvent des Imprimeries, des Postes, des Journalistes ; ayant à leur solde le grand nombre des Déclamateurs les plus célébrés en Europe, comment ne parviendroient-ils pas à tromper le public ? L'homme, qui méritera l'estime publique, ne l'obtiendra donc pas toujours. Ainsi,

„ D'où vient, (ai-je dit) en supposant
„ que toutes nos idées nous viennent im-
„ médiatement par les sens, que les plai-
„ sirs & les peines de l'ame ont plus de

---

la sagesse plus que la vertu nous dicte de ne pas laisser gagner trop d'empire sur nous à ce desir : il ne doit être en nous qu'un desir secondaire : il ne doit pas être le but auquel nous tendons.

L'homme né pour l'éprouver & dont les vues sont pures, s'irritera peut-être quelquefois de se voir refuser constamment la justice qui lui est due : mais s'il est sage, il ne se désolera pas ; & s'il a de l'énergie, quelques vexations qu'on puisse lui susciter, il ne changera ni de marche ni de langage.

Il ne faut pas confondre le desir d'*obtenir* l'estime de nos semblables avec celui de la *mériter*.

Celui-ci est un motif, sinon aussi pur, du moins à peu de chose près aussi pur que le desir de mériter notre propre estime.

Cependant l'un & l'autre de ces deux derniers motifs, quoique fort-nobles, ne sont pas encore ce que l'on doit nommer la vertu d'intention. C'est une remarque que je suis d'autant plus obligé de faire, qu'on pourroit, d'après ce que je dis dans le Chap. V & la Note X *Betrachtungen* & sur-tout d'après ce que je dis dans mes *Objections aux Sociétés Secrètes*, supposer que je fais consister la vertu d'intention dans le desir de mériter notre propre estime : or si c'étoit là mon opinion, je serois dans l'erreur.

Le desir de mériter notre estime est un motif moins

H

„ pouvoir sur nous que les plaisirs & le
„ peines physiques ? „

„ D'où vient qu'il faut chercher le bon

---

parfait que le desir négatif de ne pas nous mésestimer le premier dégénère trop aisément en orgueil pour pou voir être comparé au second.

A la rigueur ce second motif lui-même n'est pa encore le parfait idéal de la vertu d'intention : il nou conduit à la vertu, il la fait naître en nous; mais i n'est pas la vertu.

Le parfait idéal de la vertu est d'être attaché à no obligations sans aucun retour secret sur nous-mêmes la conviction de l'obligation ou de la vertu de l'actio doit seul nous déterminer : tout autre motif suppos de l'imperfection.

Nous faut-il un motif pour être convaincus que deux fois deux font quatre ? Non. Il ne faut donc pas de motif non plus pour être convaincu de toute autre vérité : il ne nous faut donc pas de motif pour être convaincus de quelle manière nous devons agir. Le parfait idéal de la vertu consiste à être attachés à nos obligations, uniquement parceque notre raison nous dit qu'il faut leur être attaché : le parfait idéal de la vertu consiste à agir selon notre conscience, sans autre motif quelconque ; & cette vertu, telle que je la dépeins, est d'obligation quand il est question d'obligations naturelles parfaites. Si notre conscience est éclairée, nous sommes alors vertueux de fait & d'intention : mais la vertu a des dégrés.

De toutes les *données* nécessaires pour rendre un

„ heur de chaque homme, non dans ses
„ sens, mais dans son ame? „

Cela vient, & je crois l'avoir prouvé avec quelque évidence, de ce que l'absence de peines est pour tout Etre, qui éprouve des sensations, un état agréable.

Je pourrois me contenter de répéter que les plaisirs & les peines des sens ne nous font pas agir; que ce sont nos desirs & nos craintes, & par conséquent des causes morales qui nous déterminent. Mais ce que j'ai dit dans cet Ecrit prouve d'avantage.

En effet si, comme je l'ai déduit de mon principe, c'est un plaisir de penser, du moment que nous n'avons pas d'idées pénibles; (d'où il résulte que toute idée peut devenir pour nous un plaisir ou une peine; c'est-à-dire que des idées indifférentes en elles-mêmes, qui n'ont aucun rapport avec nos sensations, peuvent être

---

homme vertueux, la plus importante est donc de lui donner des idées nettes de ses obligations. Voyez ce que j'ai dit à cet égard dans mes *Objections aux Sociétés Secrètes*, depuis Page 17 jusqu'à 32.

transformées en plaisirs ou en peines) & si les sensations vives sont rares, c'est-à-dire si le temps, que tout homme passe à éprouver des plaisirs ou des peines des sens, est sans comparaison moindre que celui qu'il passe à ne pas éprouver de telles sensations; il est clair que le nombre d'idées qui ne représentent pas des sensations vives, est sans comparaison supérieur au nombre d'idées qui représentent des sensations vives. Cela étant, le nombre des affections, qui n'ont pas de rapport avec les sensations vives, est donc plus grand que le nombre des affections qui sont produites par les plaisirs & les peines des sens.

Or le nombre des affections, qui n'ont pas de rapport avec les plaisirs & les peines des sens, étant le plus considérable dans la masse des affections dont nous sommes susceptibles, il en résulte que ces affections doivent en général faire agir les hommes plus souvent que les affections des sens; ce qui veut dire qu'elles doivent avoir plus de pouvoir sur eux, plus d'influence sur la totalité, sur la masse des actions humaines.

Je dois faire une obſervation ici pour qu'on ne me ſuppoſe pas en contradiction avec moi-même. J'ai dit (page 83) que la claſſe d'hommes, qui fait conſiſter ſon contentement dans la ſatisfaction des plaiſirs des ſens, eſt la plus nombreuſe. Cela eſt vrai comparativement : les plaiſirs & les peines des ſens produiſent plus de paſſions que les impreſſions qui n'ont pas de rapport avec les ſens : les ſens s'emparent plus aiſément, que toute autre affection déterminée, de toute l'activité de notre ame : il y a plus d'hommes éperdument amoureux qu'il n'y a de glorieux; & beaucoup plus de glorieux que d'hommes fortement livrés à la paſſion de l'Etude. Mais les paſſions fortes ſont rares : elles ne ſont pas les cauſes qui ont le plus d'influence ſur les actions des hommes. Les plus grandes forces ne produiſent pas toujours les plus grands effets. (Voyez page 79) La claſſe d'hommes la plus nombreuſe eſt celle dont le deſir d'être content de ſoi eſt vague, indéterminé : la claſſe la plus nombreuſe eſt celle qui agit ſans réflexion; qui cède à toutes les impressions. Or il y a plus d'impressions qui n'ont pas de rapport avec les sensations vives, qu'il n'y en a qui aient du rapport avec les plaisirs & les peines des sens : donc la classe la plus nombreuse est guidée plus souvent par des affections qui n'ont pas de rapport avec les plaisirs & les peines des sens, qu'elle n'est guidée par ces plaisirs & ces peines.

Les affections, qui n'ont pas de rapport avec les plaisirs & les peines des sens, ont non-seulement plus d'influence sur la masse des actions humaines en général; on peut dire en un sens qu'elles ont même plus d'influence sur la masse des actions de chaque individu : car, quoiqu'il y ait des hommes qui ne sont occupés que de leurs voluptés, j'ai prouvé que ceux, qui sont dans ce cas, n'en sont occupés à ce point que par les charmes que leur imagination ajoute à l'attrait des besoins; besoins qui, par leur nature, sont rares, & ne se réveillent dans les hommes brutes que de loin en loin.

Il est donc clair 1°. que les plaisirs &

les peines, que l'on nomme internes, doivent avoir plus de pouvoir ſur nous que les plaiſirs & les peines des ſens.

2°. qu'il faut chercher le bonheur de chaque homme, c'eſt-à-dire la raiſon pourquoi il eſt plus ou moins heureux, non dans ſes ſens, mais dans ſon ame.

Le principe que j'ai établi eſt la baſe de la ſolution du Problème. On peut dire même qu'il en donne la ſolution : car il rend raiſon de l'empire que les ſentiments internes ont ſur nous : il nous explique qu'il y a des plaiſirs & des peines primitives de l'eſprit, qui ſont auſſi phyſiques que les plaiſirs & les peines des ſens : il explique comment l'habitude peut tranſformer en plaiſirs & en peines, des ſenſations & des idées indifférentes en elles-mêmes. Et quoiqu'il ne nous faſſe pas connoître la cauſe qui transforme des idées, indifférentes en elles-mêmes, en plaiſirs & en peines réfléchies, il prouve la poſſibilité & l'exiſtence du fait & nous conduit à découvrir cette cauſe.

Mais quelle eſt-elle donc cette cauſe; la cauſe de ces plaiſirs & de ces peines internes, qui ne sont pas des sentiments primitifs & qui ne sont pas des résultats immédiats de l'instinct; en un mot la cause de nos plaisirs & de nos peines réfléchies?

Ouvrez l'Ecriture-Sainte & vous l'y trouverez : je n'ai garde de m'en attribuer la découverte.

Cette cause est *la Science du bien & du mal*; ou, pour parler plus philosophiquement, *l'idée abstraite du bien & du mal*: & la cause de cette cause est *la faculté éminente que nous avons de faire des abstractions*; en d'autres termes, la faculté éminente que nous avons de nous replier sur nous-mêmes, de nous connoître. C'est la conscience de nous-mêmes, ai-je dit dans mes *Objections aux Sociétés Secrètes*, (page 36) qui transforme l'animal en homme.

Je prouverai qu'il y a du bien & du mal moral indépendamment de toute convention entre les hommes : mais, quand même cela ne feroit pas, l'idée abstraite du bien & du mal n'en seroit pas moins cette cause : car je ne dis pas que ce soit l'idée abstraite du juste & de l'injuste; je ne dis pas par conſéquent que ce ſoit l'idée abſtraite du bien & du mal moral; je dis que c'eſt l'idée abſtraite du bien & du mal en général qui eſt cette cauſe. Il n'eſt pas même néceſſaire que cette idée abſtraite ſoit conforme à la nature des choſes, pour qu'elle produiſe ſon effet ſur nous.

L'idée abſtraite du bien & du mal eſt la cauſe de nos ſentiments réfléchis.

Cette vérité, je crois, n'a plus beſoin d'être prouvée après tout ce que j'ai dit dans cet Ecrit. En effet comment une idée indifférente pourroit-elle parvenir à nous faire plaiſir ou peine, ſi nous ne la regardions pas comme un bien ou comme un mal? Or, pour pouvoir la regarder ainſi, il faut avoir néceſſairement une idée abſtraite quelconque du bien & du mal dans l'eſprit.

Cependant nous ne pourrions pas avoir cette idée abſtraite du bien & du mal elle-même; elle ne pourroit pas produire d'effet ſur nous, & par conſéquent nous ne pourrions pas avoir de ſentiments réfléchis, ſi *l'abſence de peines n'étoit pas pour nous un état agréable.*

Ce principe est donc évidemment la base de la Solution du Problème.

Quand je dis que les sentiments internes ont plus de pouvoir sur nous, plus d'influence sur la masse des actions humaines que n'en ont les sensations vives, c'est-à-dire les plaisirs & même les peines des sens, je ne parle pas des sentiments réfléchis uniquement, mais de tous les sentiments internes : & sous ce point de vue on trouvera, pour peu qu'on m'ait lu avec attention, que ma proposition est incontestable.

J'ai dit (§ 3) que nous agissons de trois manières; par impulsion, par choix c'est-à-dire par réflexion, & par une continuation du mouvement imprimé à nos organes : mais comme ce mouvement ne peut être imprimé aux organes que par les objets extérieurs ou par nous-mêmes; nos actions, ou plutôt les sentiments qui nous font agir, (quoique nous agissions de trois, & même si l'on veut, de quatre manières différentes) n'ont dans le fond que deux causes, dont l'une est physique & l'autre morale; c'est-à-dire que tous nos ſentiments ſont ou phyſiques, ou moraux, ou mixtes.

Or l'idée abſtraite du bien & du mal eſt la cauſe de tous les ſentiments moraux, c'eſt-à-dire réfléchis : mais les ſentiments moraux ne ſont pas les ſeuls ſentiments internes; il y a des plaiſirs & des peines de l'eſprit & de l'ame, qui ſont phyſiques : il y en a même de phyſiques primitifs, & de phyſiques d'habitude. On conçoit donc que les ſentiments internes, qui n'ont pas de rapport avec les ſens, doivent avoir plus d'influence ſur la totalité des actions humaines, que les plaiſirs & les peines des ſens; & on conçoit aiſément (puis que nos volontés, comme je l'ai prouvé, ne ſont jamais que des réſultats de combinaiſons) que les plaiſirs & les peines des ſens ne peuvent ſe transformer en paſſions fortes, que par leur mélange avec les ſentiments réfléchis, c'eſt-à-dire moraux.

Comment l'idée abſtraite du bien & du mal naît-elle en nous? Comment cette idée engendre-t'elle l'idée abſtraite du bien & du mal *moral;* c'eſt-à-dire l'idée abstraite du juste & de l'injuste? Y a-t-il en effet du bien & du mal moral; c'est-à-dire, l'idée abstraite, que nous en avons, est-elle fondée sur une réalité, ou n'appuie-t-elle que sur l'erreur?

Toutes ces questions ne tiennent pas à la Solution du Problème : cependant je les développerai toutes dans la seconde Partie. J'examinerai aussi dans cette seconde Partie ce que c'est que cette faculté éminente que nous avons de faire des abstractions; comment elle est produite en nous.

Fin de la Première Partie.

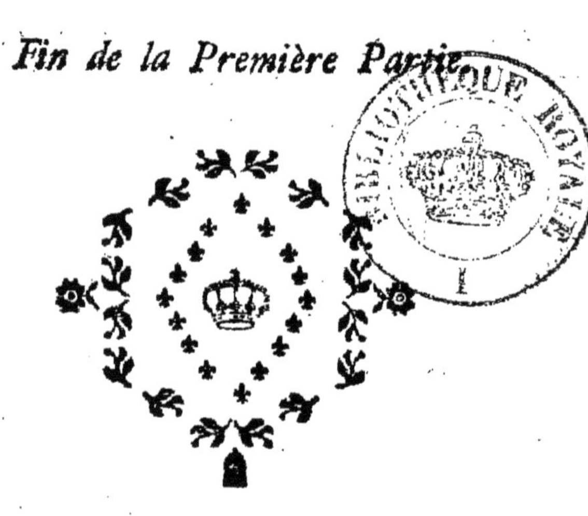

NB. Cette Première Partie contenant la Solution, que je nomme provisoire, du Problème que je me suis engagé à résoudre, j'ai cru devoir la publier tout de suite : la Seconde Partie paroîtra en quelque temps d'ici.

www.ingramcontent.com/pod-product-compliance
Ingram Content Group UK Ltd.
Pitfield, Milton Keynes, MK11 3LW, UK
UKHW020343230726
13925UKWH00003B/940